PLC 编程与应用（西门子）

主　编　程　月　郭　涛

副主编　任　毅　孙思光　闫秀武

　　　　张　瑜　陈永宽

参　编　单顺彭　乔　珊　贾明春

北京理工大学出版社

BEIJING INSTITUTE OF TECHNOLOGY PRESS

内 容 提 要

本书以图文并茂的形式介绍了西门子S7-1200系列PLC技术快速入门知识与综合应用,内容包括PLC基础知识认知、西门子S7-1200系列PLC介绍、Protal博途软件的安装与使用、PLC基本指令的功能及应用案例、功能指令的使用及实例、顺序控制指令使用详解、模拟量模块的使用、PLC通信、触摸屏与PLC的综合应用、PLC的综合应用。本书以专业知识为根基,同时将中华优秀传统文化融入课程,使学生的专业知识学习与思想政治教育相互促进、相得益彰。

本书基础起点低,内容由浅入深,非常适合作为PLC、变频器和触摸屏技术的自学用书,也适合作为中、高职院校电气类专业的相关教材。

图书在版编目(CIP)数据

PLC编程与应用:西门子 / 程月,郭涛主编. —北京:北京理工大学出版社,2021.8
　ISBN 978-7-5763-0114-4

　Ⅰ.①P… Ⅱ.①程… ②郭… Ⅲ.①PLC技术-程序设计 Ⅳ.①TM571.61

中国版本图书馆CIP数据核字(2021)第152869号

出版发行／北京理工大学出版社有限责任公司
社　　址／北京市海淀区中关村南大街5号
邮　　编／100081
电　　话／(010)68914775(总编室)
　　　　　　(010)82562903(教材售后服务热线)
　　　　　　(010)68948351(其他图书服务热线)
网　　址／http://www.bitpress.com.cn
经　　销／全国各地新华书店
印　　刷／定州市新华印刷有限公司
开　　本／889毫米×1194毫米　1/16
印　　张／17.5
字　　数／251千字
版　　次／2021年8月第1版　2021年8月第1次印刷
定　　价／47.00元

责任编辑／孟祥雪
文案编辑／孟祥雪
责任校对／周瑞红
责任印制／边心超

图书出现印装质量问题,请拨打售后服务热线,本社负责调换

前 言

可编程序控制器是先进制造技术的基础和代表，由于具有可靠性高、逻辑功能强、体积小等一系列优点，在现代电气和机械设备中得到了广泛应用，已成为现代工业控制的主要方式之一。目前专门介绍PLC应用的书籍很多，但适合初学者自学的较少。为了培养电气工程技术人才，满足广大PLC初学者及从事电气工程技术工作各类人员的需要，编写了《PLC编程与应用（西门子）》一书。

本书以项目任务式呈现，学习者根据项目完成任务，结合配套实训设备一边操作一边学习，这样可以事半功倍地吸收知识。本书共分为5个项目，主要以实际应用非常广泛的西门子S7-1200系列PLC为基础，介绍了PLC的基本概念、分类、特点和应用，PLC的基本结构、工作原理和编程语言等基本知识；PLC的指令系统；PLC程序设计的常用方法和典型应用编程；PLC控制系统设计的基本内容和步骤，PLC机型的选择、系统的安装调试方法；并用大量实例介绍了PLC在控制系统中的应用；介绍了PLC通信与网络技术。

其中项目一是认知S7-1200系列PLC，项目二是PLC改造电力拖动电路。这两个项目主要讲解西门子S7-1200 PLC的硬件与程序编写的基本应用与练习，使读者了解与掌握PLC的发展应用、基本结构、工作原理和性能指标，TIA V13软件的安装与使用、CPU选型及参数设置、梯形图编写、程序编译及排错、程序下载、在线监视等功能。

项目三是顺序控制设计法，项目四是PLC功能指令综合应用，项目五是S7-1200的通信。这三个项目主要是以生产实践为基础的任务实施，通过自动流水线、邮件分拣、自动售货机、恒压供水系统、自控轧钢机等综合项目，引导读者学习并掌握PLC的顺序控制编程方法、比较指令、传送指令、转换指令、模拟量应用、PLC通信等知识技能。

本书贯彻落实立德树人的教育理念，践行"把思想政治教育贯穿教育教学全过程"的教育方略，将育人理念内化到教材内容、教学方法和考核评价中，充实了德育内容，展示了独特的"课程思政"教学设计。本书内容简明扼要、图文并茂、通俗易懂，用科学的方式并配有在线教学视频，适合 PLC 初学者及相关专业技术人员阅读参考，同时也适合作为中高职院校的主导教材。

　　本书由程月、郭涛任主编，任毅、孙思光、闫秀武、张瑜、陈永宽任副主编，单顺彭、乔珊、贾明春参与编写。在本书的策划、编写过程中，秦皇岛设计院提供了宝贵的意见和建议，在此表示诚挚的感谢。同时感谢为本书中实践操作及视频录制提供大力支持的唐山昆达科技有限公司。

　　尽管编者主观上想努力使读者满意，但书中不可避免存在不足之处，欢迎读者提出宝贵建议。

编　者

目　录

项目一
认识 S7-1200 系列 PLC

任务 1-1 PLC 基本认知

知识目标：

1. 了解 PLC 的发展历程。
2. 理解 PLC 的定义及性能。
3. 明确 PLC 的基本结构。

技能目标：

1. 掌握输出接口三种输出类型的适用场合。
2. 能理解 PLC 的工作原理。

情感目标：

1. 引导学生搜集多种品牌 PLC 的资料，培养学生自主探究的精神。
2. 在小组协作学习过程中，提高学生团队协作精神。
3. 使学生养成"父母呼，应勿缓。父母命，行勿懒。父母教，须敬听。父母责，须顺承"的良好习惯。

情景引入：

某加工厂车床设备采用传统继电器控制系统，随着产品工艺升级，需对车床线路进行改造，要求消除其连线多且复杂、体积大、功耗大的问题。系统改造后，应增加其系统的灵活性和可扩展性，大家有什么好的方法吗？

任务资讯

知识点 1：PLC 的产生及发展

20 世纪 60 年代后期，可编程逻辑控制器（PLC）第一次亮相。美国汽车制造商通用汽车（GM）想用一种新型的工业控制装置取代汽车生产流水线的继电器控制系统繁复的接线，以消除巨大的生产成本，这也是 PLC 产生的主要原因。

PLC 的产生及发展

1969 年，美国 DEC 公司（数字设备公司）根据美国通用汽车（GM）的要求研制出世界上第一台型号为 PDP-14 的 PLC（见图 1-1-1），在汽车生产线上首次取得成功。几乎在同一时间，马萨诸塞州迪克·莫利的贝德福德联合公司（后来的莫迪康公司）提出一种称为模块化的数字控制器——莫迪康 084 控制器（见图 1-1-2），开创了工业控制的新时代，并成为世界上第一台投入商业生产的 PLC。

图 1-1-1　DEC 公司制造的小型计算机 PDP-14　　　图 1-1-2　莫迪康 084 控制器

目前，随着大规模和超大规模集成电路等微电子技术的发展，PLC 已由最初 1 位机发展到现在的以 16 位和 32 位微处理器构成的微机化 PC，而且实现了多处理器的多通道处理。如今，PLC 技术已非常成熟，不仅控制功能增强，功耗和体积减小，成本下降，可靠性提高，编程和故障检测更为灵活方便，而且随着远程 I/O 和通信网络、数据处理以及图像显示的发展，PLC 向用于连续生产过程控制的方向发展，成为实现工业生产自动化的一大支柱。

现在世界上有 200 多家 PLC 生产厂家，400 多个品种的 PLC 产品，按地域可分成美国、欧洲、日本等三个流派产品，各流派 PLC 产品各具特色。其中，美国是 PLC 生产大国，有 100 多家 PLC 厂商，著名的有 A-B 公司、通用电气（GE）公司、莫迪康（MODICON）公司。欧洲 PLC 产品主要制造商有德国的西门子（SIEMENS）公司、AEG 公司，法国的 TE 公司。日本有许多 PLC 制造商，如三菱、欧姆龙、松下、富士等，韩国有三星（SAMSUNG）、LG 等，这些生产厂家的产品占据 80% 以上的 PLC 市场份额。

经过多年的发展，我国有许多厂家、科研院所从事 PLC 的研制与开发，如中国科学院自动化研究所的 PLC-0088、北京联想计算机集团公司的 GK-40、上海机床电器厂的 CKY-40 等。

知识点 2：PLC 的定义

20 世纪 70 年代初，人们将出现的微处理器引入 PLC，使 PLC 增加了运算、数据传送及处理等功能，实现了真正具有计算机特征的工业控制装置。这时的 PLC 为 PC 技术和继电器控制系统相结合的产物。个人计算机发展起来后，为了方便和反映可编程序控制器的功能特点，并与个人计算机相区别，1980 年美国电气制造商协会将这种新型控制装置定名为可编程序控制器（Programmable Logic Controller，PLC）。1987 年 2 月国际电工委员会（IEC）对 PLC 做出了定义：可编程序控制器是一种数字运算操作电子系统，专为在工业环境下应用而设计。它采用了可编程序的存储器，用来在其内部存储执行逻辑运算、顺序控制、定时、计数和算术运算等操作的指令，并通过数字的、模拟的输入和输出控制各种类型的机械或生产过程。可编程序控制器及其有关的外围设备，都应按易于与工业控制系统形成一个整体、易于扩充其功能的原则设计。

定义说明了 PLC 是能直接应用于工业的通用计算机，拥有更可靠的工业抗干扰设计、模拟量运算、数字运算、人机接口能力和网络能力、PID 功能及极高的性价比的新一代通用工业控制装置。

知识点 3：PLC 的特点

（1）编程方便，操作简易。梯形图因具有与继电器控制电路在电路符号、表达方式等方面相似的特点，成为 PLC 使用最多的编程语言。梯形图形象、简单，容易掌握、使用方便，不需要计算机专业知识，具有一定电气方面知识的人员能轻松掌握。

（2）可靠性高，抗干扰能力强。平均无故障时间用来衡量 PLC 的可靠性，由于 PLC 大都采用单片微型计算机，因而集成度高，再加上采取了一系列硬件和软件抗干扰措施、保护电路及自诊断功能，使 PLC 控制系统的平均无故障时间可达 4 万～ 5 万 h，能适应有各种强烈干扰的工业现场。如一般 PLC 能抗 1 000 V、1 ms 脉冲的干扰，其工作环境温度为 0 ～ 60 ℃，无须强迫风冷。

（3）使用灵活，通用性强。PLC 的产品已系列化、硬件已标准化，功能模块种类多，可以灵活组成各种不同大小和不同功能的控制系统。在 PLC 控制系统中，只需把输入 / 输出信号接在 PLC 的接线端子上，当需要变更控制系统的功能时，可以用软件在线或离线修改程序，同一个 PLC 装置用于不同的控制对象，只是输入 / 输出组件和应用软件不同。

（4）接口简单，维护方便。按工业控制的要求，PLC 设计的接口有较强的带负载能力（输入 / 输出接口可直接与交流 220 V、直流 24 V 等电压相连），接口电路多为模块式，维修更换方便。一些 PLC 还可以带电插拔输入 / 输出模块，可不脱机停电而直接更换故障模块，大大缩短了故障修复时间。

知识点 4：PLC 的主要功能

1. 开关逻辑与顺序控制

它是 PLC 最基本、最广泛的应用，取代传统的继电器控制系统，实现逻辑

PLC 的主要功能

控制、顺序控制，其既可用于一台设备的控制，也可用于多台群控及自动化流水线控制。

2. 模拟量控制

温度、压力、流量、液位和速度等模拟量在工业生产过程中经常需要去控制，现在大部分 PLC 厂家都生产配套 A/D 和 D/A 转换模块，使 PLC 可用于模拟量控制。

3. 数据处理

大部分 PLC 具有数据处理能力，除了数据传送、数学运算外，还能进行数据的转换、排序、查表、显示打印、比较等操作，可以完成数据的采集、分析及处理。

4. 运动控制

PLC 可以用于圆周运动或直线运动的控制，广泛用于各种机械、机床、机器人、电梯等场合。

5. 通信联网

PLC 的通信联网实现了 PLC 与 PLC 之间、多台 PLC 之间、PLC 与其他设备之间的信息交换，组成了一个能实现分散集中控制的统一整体。

知识点 5：PLC 的类型

1. 按 I/O 点数及存储器的容量分类

一般来说，PLC 处理的 I/O 点数比较多，则控制关系相对比较复杂，用户需要的程序存储器容量就会比较大，因此我们可以按 PLC 的输入 / 输出点数、存储容量把 PLC 分为小型机、中型机、大型机。

（1）小型 PLC——小型 PLC 的功能一般以开关量控制为主，其 I/O 总点数不会超过 256 点，用户程序存储器容量小于 4 KB。现在一些高性能小型 PLC 还具有一定的通信能力和少量的模拟量处理能力。这类 PLC 的特点是价格低，体积小，适合于控制单台设备，开发机电一体化产品。典型的小型 PLC 有西门子公司的 S7-200 系列和新型的 S7-1200 系列、Rockwell 公司的 SLC500 系列、OMRON 公司的 CPM2A 系列、三菱公司的 FX 系列等产品。

（2）中型 PLC——中型 PLC 的 I/O 总点数在 256～1 024 点，用户程序存储器的容量在 8 KB 以上。中型 PLC 具有更强的模拟量处理能力、数字计算能力和通信能力。中型 PLC 的指令比小型机更丰富，一般适用于复杂的逻辑控制系统以及连续生产过程的控制场合。典型的中型 PLC 有西门子的 S7-300 系列、Rockwell 公司的 ControlLogix 系列、OMRON 公司的 C200H 系列等产品。

（3）大型 PLC——大型 PLC 的 I/O 总点数在 1 024 点以上，用户程序存储器容量可达 8 M～16 MB。大型 PLC 的性能已经与工业控制计算机相当，它具有计算、控制和调节的功能，还具有强大的通信联网能力。它可以连接 HMI 作为系统监视或操作界面，能够表示过程的动态流程，记录各种曲线，可配备多种智能模块，构成一个多功能系统。这种系统还可以和其他型号的控制器、上位机相连，组成一个集中分散的生产过程和产品质量控制系统。大型 PLC 适用于设备自动化、过程自动化控制和过程监控。典型的大型 PLC 有西门子的 S7-400、OMRON 公司的 CVM1 和 CS1 系列、Rockwell 公司的 ControlLogix、PLC5/05 系列等产品。

2. 按结构形式分类

（1）整体式（箱体式）——整体式结构的特点是将 PLC 的基本部件，如 CPU 板、输入板、输出板、电源板等紧凑地安装在一个标准机壳内，构成一个整体，组成 PLC 的一个基本单元（主机）或扩展单元。基本单元上设有扩展接口，通过扩展电缆与扩展单元相连，以构成 PLC 不同的配置。整体式结构的 PLC 体积小，成本低，安装方便。微型和小型 PLC 一般为整体式结构。

（2）机架模块式——模块式结构的 PLC 是由一些模块单元构成的（如 CPU 模块、输入/输出模块、电源模块和各种功能模块等），将这些模块插在框架上或基板上即可。各模块功能是独立的，外形尺寸是统一的，插入什么模块可根据需要灵活配置。目前，中、大型 PLC 多采用这种结构形式。

知识点 6：PLC 的基本结构

可编程序控制器的核心构成和计算机是一样的，都由中央处理器（CPU）、I/O 模块、存储器、电源、I/O 扩展接口、外部设备等构成。因此，从硬件结构来说，PLC 实际上就是计算机。图 1-1-3 所示为 PLC 硬件系统的简化框图。

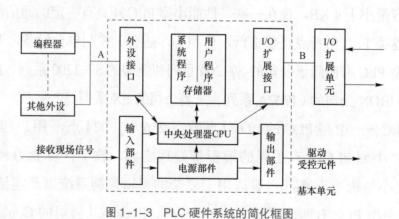

图 1-1-3 PLC 硬件系统的简化框图

PLC 内部主要部件有：

1. 中央处理单元（CPU）

在 PLC 系统中，CPU 是 PLC 的核心组成部分，相当于人的大脑和心脏，它不断采集输入信号，执行用户程序，刷新系统的输出结果。其主要任务是：

（1）接收并存储输入的用户程序和数据。

（2）用扫描方式接收现场输入装置的状态数据，并存入映像寄存器或数据寄存器。

（3）诊断电源、PLC 内部电路的工作状态和编程过程中的语法错误。

（4）执行用户程序，完成逻辑运算，完成数据的存取、传送、存储、比较等功能，完成用户所设计程序的任务。

（5）根据运算结果控制输出设备，实现输出控制、制表、打印式数据通信等。

2. 输入 / 输出（I/O）接口

输入（Input）和输出（Output）接口简称为 I/O 接口，它们是 PLC 控制系统的眼、耳、手、脚，是联系外部现场和 CPU 模块的桥梁。

输入接口用于接收和采集输入信号，输入信号一般有两类：一类是按钮，各种开关（数字拨码开关、限位开关），传感器、压力继电器等开关量作为输入信号；另一类是由电位器、热电偶、测速发电机等提供的连续变化的模拟量。不同 PLC 的输入电路大致相同，输入接口内部有光耦合器隔离，并设有 RC 滤波器，可以消除输入触点的抖动和外部噪声干扰。

PLC 的输出接口用来对输出设备进行控制，例如接触器、电磁阀和指示灯等。输出接口有三种输出类型，即继电器输出型、双向晶闸管输出型和晶体管输出型。

（1）继电器输出型。其优点是可驱动交、直流负载，带负载电流可达 2 A / 点，但继电器输出动作频率不能太高。

（2）双向晶闸管输出型。其优点是能适应高频动作，响应时间大约为 1 ms，但其带负载能力较差，只能带交流负载。

（3）晶体管输出型。其优点是适应于高频动作，响应时间短，一般为 0.2 ms 左右，但它只能带直流负载（一般 DC 30 V 以下），电流比较小。

3. 存储器

PLC 系统中的存储器主要用于存放系统程序、用户程序和工作状态数据。根据 PLC 的工作原理，其存储空间一般包括以下三个区域：系统程序存储区、系统 RAM 存储区和用户程序存储区。

（1）系统程序存储区。在系统程序存储区中存放着由 PLC 生产厂家编写的系统程序（相当于计算机操作系统），包括监控程序、管理程序、命令解释程序、功能子程序、系统诊断子程序等，并固化在 ROM 内，用户不能更改，断电不会消失。

（2）系统 RAM 存储区。系统 RAM 存储区包括 I/O 映像区以及各类软设备，如逻辑线圈、数据寄存器、计时器、计数器、变址寄存器等存储器，用来存放输入 / 输出状态和运算数据。

（3）用户程序存储区。用户程序存储器用来存放用户自己所编写的各种程序。用户程序存储器根据所选用的存储器单元类型的不同（可以是 RAM、EPROM 或 EEPROM 存储器），其内容可以由用户修改或增删。用户程序一般存于 CMOS 静态 RAM 中，用锂电池作为后备电源，以保证掉电时不会丢失信息。

系统 RAM 存储区和用户程序存储区的大小关系到用户程序容量的大小，是反映 PLC 性能的重要指标之一。

4. 电源

PLC 一般使用 220 V 交流电源或 24 V 直流电源，PLC 内部配有一个专用开关型稳压电源，它将交流 / 直流供电电源变换成系统内部各模块所需的电源，许多 PLC 都可以向外提供直流 24 V 稳压电源，用于对外部传感器供电。

对于整体式结构的 PLC，电源封装在机壳内部；对于模块式 PLC，有的采用单独电源模块，有的将电源与 PLC 封装到一个模块中。

5. I/O 扩展接口

I/O 扩展接口用于连接 I/O 扩展单元和特殊功能单元，通过扩展接口可以扩充 I/O 点数，也可连接一些功能模块完成特定的功能，使 PLC 的配置更加灵活，以满足不同控制系统的需要。I/O 扩展接口电路采用并行接口和串行接口两种电路形式。

6. 外部设备

（1）编程设备：一般采用简易编程器和 PC，用来编辑、调试用户程序、监控等。

（2）监控设备：有数据监视器、图形监视器等，可监视数据或者可通过画面监视数据，但不能改变 PLC 的用户程序，其他功能与编程器相同。

（3）存储设备：用于永久性地存储用户数据而不丢失，如存储卡、只读存储器等。

（4）输入 / 输出设备：用来接收信号或输出信号，实现 PLC 进行人机对话。输入的有条码读入器、输入模拟量的电位器等，输出的有打印机、编程器、监控器等。

知识点 7: PLC 的工作原理

在了解 PLC 的工作原理之前先要掌握两个定义：扫描周期、输入 / 输出滞后时间。

（1）扫描周期：PLC 在 RUN 工作模式时，执行一次扫描操作所需的时间称为扫描周期。扫描周期与用户程序的长短和 CPU 执行指令的速度有关。

（2）输入 / 输出滞后时间：输入 / 输出滞后时间又称为系统响应时间，是指 PLC 的外部输入信号发生变化的时刻到它控制的有关外部输出信号发生变化的时刻的时间间隔。它由输入电路滤波时间、输出电路的滞后时间和因扫描工作方式产生的滞后时间三部分组成。

PLC 的工作原理：PLC 有运行（RUN）和停止（STOP）两种基本的工作模式。当处于停止工作模式时，PLC 只进行内部处理和通信服务等内容；当处于运行工作模式时，PLC 执行用户程序。

PLC 是采用扫描周期的工作方式，CPU 连续执行用户程序和任务循环序列称为扫描。在 PLC 运行时，PLC 要进行内部处理、通信服务、输入处理、程序处理、输出处理 5 个阶段，然后按上述过程循环扫描工作。为了使 PLC 的输出及时地响应随时可能变化的输入信号，PLC 通过反复执行用户程序来实现控制功能，直至 PLC 断电或停止。PLC 工作流程如图 1-1-4 所示。

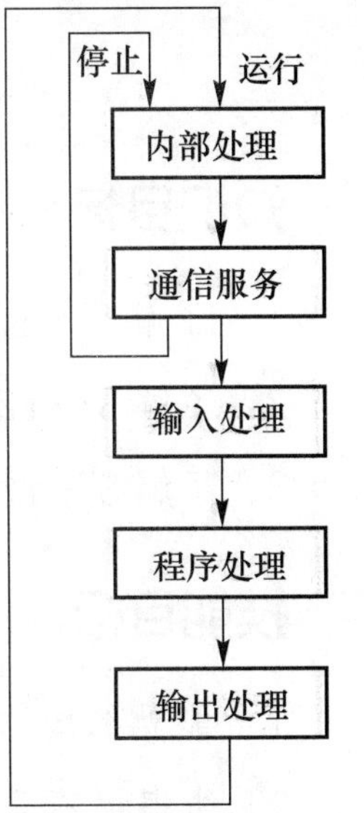

（1）内部处理阶段。PLC 检查 CPU 内部的硬件是否正常，将监控定时器复位，以及完成一些其他内部工作。

（2）通信服务阶段。PLC 与其他的设备通信，响应输入的指令。当 PLC 处于停止模式时，只执行内部处理和通信服务两个阶段的操作；当 PLC 处于运行模式时，还要完成另外三个阶段的操作。

（3）输入处理阶段。输入处理又叫输入采样。在 PLC 的存储器中，设置了一片区域用来存放输入信号和输出信号的状态，它们分别称为输入映像寄存器和输出映像寄存器。

在输入处理阶段，PLC 顺序读入所有输入端子的通断状态，并将读入的信息存入输入映像寄存器中。此时，输入映像寄存器被刷新。接着进入程序处理阶段，在程序处理时，输入映像寄存器与外界隔离，此时即使有输入信号发生变化，其映像寄存器的内容也不会发生改变，只有在下一个扫描周期的输入处理阶段才能被读入。

（4）程序处理阶段。根据 PLC 梯形图程序扫描原则，按先左后右、先上后下的顺序，逐行逐句扫描，执行程序。但遇到程序跳转指令，则根据跳转条件是否满足来决定程序的跳转地址。当用户程序涉及输入 / 输出状态时，PLC 从输入映像寄存器中读取上一阶段输入处理时对应输入继电器的状态，从输出映像寄存器中读取对应输出继电器的状态，根据用户程序进行逻辑运算，运算结果存入有关元件寄存器中。因此，输出映像寄存器中所寄存的内容会随着程序执行过程而变化。

（5）输出处理阶段。在输出处理阶段，CPU 将输出映像寄存器的 ON/OFF 状态传送到输出锁存器。通过输出端子驱动执行件来实现控制功能。

图 1-1-4　PLC 工作流程

每课一句小古文：

"父母呼，应勿缓。父母命，行勿懒。父母教，须敬听。父母责，须顺承。"

父母亲的叫唤，应该立即应答，不应迟缓。父母亲叫你做的事情，应该执行而不该懒惰对待。父母亲的教诲，需严谨听从。父母亲的责备，不能顶嘴，应该顺承。

任务 1-2 熟知西门子 S7-1200 PLC

知识目标：

1. 了解 S7-1200 PLC 的特点。

2. 了解 S7-1200 PLC 的基本结构。

3. 了解 S7-1200 系列中不同型号的适用范围。

技能目标：

1. 能熟练操作进行硬件的安装与接线。

2. 能根据不同情况对 S7-1200 进行选型。

情感目标：

1. 培养善于独立思考、交流沟通的协作能力。

2. 组织学生搜集 PLC 选型资料，在学习过程中培养学生自主探究的精神。

3. 在小组协作学习过程中，提高学生团队协作精神。

4. 使学生养成"冬则温，夏则清。晨则省，昏则定。出必告，反必面"的良好习惯。

情景引入：

德国西门子公司的产品一直伴随着中国自动化的前进之路，那么西门子公司的 PLC 都有哪些呢？现在最新的 PLC 又是什么呢？

任务资讯

知识点1: 西门子 S7-1200 概述

西门子可编程序控制器是一个完整的产品组合，拥有迷你控制器 S7-200CN、S7-1200、S7-300、S7-400、S7-1500、LOGO 等。SIMATIC S7-1200 系列（见图 1-2-1）是西门子公司新推出的一款面向离散自动化系统和独立自动化系统的 PLC，采用了模块化设计并具有灵活性、可扩展性以及强大的工艺功能。

图 1-2-1 SIMATIC S7-1200 PLC

SIMATIC S7-1200 PLC 可应用于 OEM 机械控制、远程

通信、低端的运动/位置控制、建筑自动化设备、非传统非制造业应用等范围。如图1-2-2～图1-2-4所示，简单列举出了 SIMATIC S7-1200 PLC 应用场合示例。

· OEM机械控制
· 应用示例
· 组装设备
· 输送控制
· 电梯和自动升降机
· 物料输送机械
· 金属加工机械
· 包装机械
· 印刷机械
· 纺织机械
· 混合机械

图1-2-2 OEM机械控制应用示例

· 远程终端单元(RTU)	· 位置控制市场部分	· 楼宇自动化设备市场部分
· 应用示例	· 应用示例	· 应用示例
· 淡水处理厂	· 组装设备	· 室内温度控制
· 污水处理厂	· 零件的自动布置	· 锅炉控制
· 石油/天然气泵站	· 自动堆叠机械	· 机组控制
· 室外显示屏	· 输送控制	· 能源管理控制
· 汽油/天然气泵站	· 自动售货机	· 火警系统
· 配电站	· 长供应链机械	· 暖通空调
· …	· 物料输送机械	· 灯光控制
	· 包装机械	· 抽水泵控制
	· 印刷机械	· 安全/通路管理
	· 纺织机械	· …
	· 焊接机	

图1-2-3 远程通信、低端的运动/位置控制、
建筑自动化设备应用示例

· 非传统、非制造业市场部分的应用
· 电信部门   · 保龄球设施
· 交通运输部门   · 交通控制
· 安全系统   · 户外应用
· 农业灌溉系统   · 太阳能跟踪
· 车库开关门系统   · …
· 洗车设施

图1-2-4 非传统、非制造业应用示例

S7-1200 的定位处于原有的 S7-200 和 S7-300 之间，是紧凑型自动化产品的新成员。西门子 SIMATIC 系列产品定位如图1-2-5所示。

知识点2：S7-1200 PLC 硬件模块

S7-1200 PLC 设计紧凑、使用灵活、成本低廉、功能强大，这些优势的组合可以满足各种各样的自动化需求。

CPU 将微处理器、集成电源、输入和输出电路、内置 PROFINET、高速运动控制 I/O

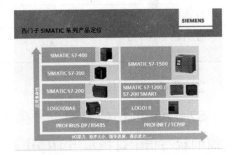

图1-2-5 西门子 SIMATIC 系列产品定位

以及板载模拟量输入组合到一个设计紧凑的外壳中，形成了功能强大的 PLC。CPU 集成了 PROFINET 端口，可以实现 CPU 与编程设备、HMI 面板或者 CPU 与 CPU 的通信；还可使用通信模块通过 RS485 或 RS232 进行网络通信，如图1-2-6所示。

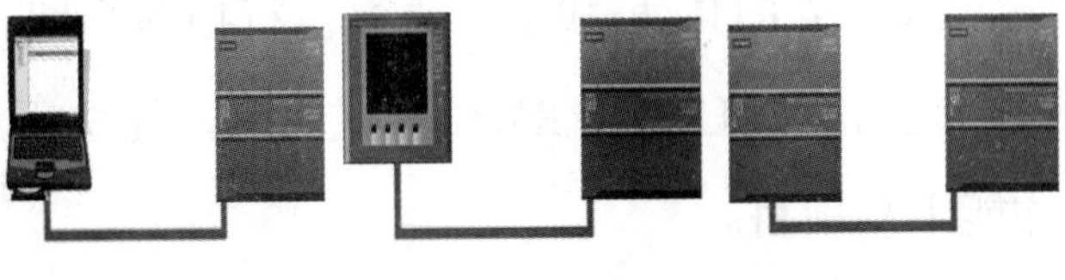

(a)   (b)   (c)

图1-2-6 PLC 通信示意图
(a)编程设备与 CPU 通信；(b) HMI 与 CPU 通信；
(c) CPU 与 CPU 通信

　　S7-1200 PLC 具有多种型号：CPU 1211C、CPU 1212C、CPU 1214C、CPU 1215C、CPU 1217C。不同 CPU 的型号具有不同的特征和功能，来实现不同的应用创建有效的方案。

　　S7-1200 PLC 的每一个模块都可以进行扩展，其 CPU 的前端可以加入信号板，来扩展数字或者模拟量 I/O，而不会改变 PLC 的大小。除 CPU 1211C 外，还可将信号模块连接到 CPU 的右侧，解决数字量或者模拟量 I/O 不够的问题。除 CPU 1212C 只可以连接两个信号模块外，其他型号 CPU 最多可连接 8 个信号模块。左侧所有型号均可连接最多 3 个通信模块，来实现端到端的串行通信。

1. CPU 模块

1）CPU 的主要技术指标

　　CPU 的主要技术指标有内存空间、运算速度、内部资源、中断处理和通信方式等，S7-1200 PLC 现在有 5 种型号的 CPU 模块，其特征与功能见表 1-2-1。

表 1-2-1　S7-1200 PLC 5 种型号 CPU 模块的特征与功能

特征	CPU 1211C	CPU 1212C	CPU 1214C	CPU 1215C	CPU 1217C
本机数字量 I/O 点数	6 入 /4 出	8 入 /6 出	14 入 /10 出	14 入 /10 出	14 入 /10 出
本机模拟量 I/O 点数	2 入	2 入	2 入	2 入 /2 出	2 入 /2 出
工作存储器 / 装载存储器	50 KB /1 MB	75 KB /1 MB	100 KB/4 MB	125 KB/4 MB	150 KB/4 MB
信号模块扩展个数	无	2	8	8	8
最大本地数字量 I/O 点数	14	82	284	284	284
高速计数器点数	3	5	6	6	6
上升沿 / 下降沿中断点数	6/6	8/8	12/12	14/14	14/14

2）CPU 操作模式

　　S7-1200 PLC CPU 有三种操作模式：STOP 模式、STARTUP 模式和 RUN 模式。CPU 前面的状态指示灯指示当前操作模式。

　　（1）在 STOP 模式下，CPU 不执行任何程序，用户可以下载项目。

　　（2）在 STARTUP 模式下，CPU 会执行存在的所有启动逻辑但不处理任何中断事件。

　　（3）在 RUN 模式下，重复执行扫描周期。

　　说明：CPU 处于 RUN 模式下时，无法下载任何项目，只有在 CPU 处于 STOP 模式时才能下载项目。

3）CPU 集成的工艺功能

　　S7-1200 的 CPU 集成了强大的高速计数、频率测量、高速脉冲输出、PWM 控制、运动控制和 PID 控制功能。

（1）高速计数器。S7-1200 的 CPU 内含 6 个高速计数器，3 个 100 kHz 和 3 个 30 kHz。这些高速计数器包括增量式编码器，频率测量或者过程控制的高速计数等精确检测。

（2）高速脉冲输出。

①共有两个脉宽调制（PWM）输出，可生成一个类似模拟量的、可变占空比、周期固定的输出信号，应用于电动机转速、阀门位置或者加热元件循环周期的控制。

②共有两个脉冲序列输出（PTO），可提供最高频率为 100 kHz 的 50% 占空比的高速脉冲输出，可以对步进电动机或伺服驱动器进行开环速度控制和定位控制，通过 HSC0 对高速脉冲输出（PTO）进行内部反馈，如图 1-2-7 所示。

（3）PLCopen 运动控制功能块。S7-1200 PLC 拥有对步进电动机和伺服驱动器的开环速度控制和位置控制的 PLCopen 运动控制功能块，支持返回原点、点动功能、绝对位置控制、相对运动和速度控制功能，如图 1-2-8 所示。

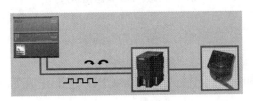

图 1-2-7　S7-1200 PLC 高速脉冲输出（PTO）

图 1-2-8　PLCopen 运动控制示例

（4）PID 控制。S7-1200 支持多达 16 个 PID 控制回路，可进行 PID 自动调节，提供了 PID 调试控制面板，简化控制回路的调节过程，达到最佳的比例增益值、积分时间和微分时间。面板能提供自动调节和手动调节功能，还能以图形显示结果，能显示错误和报警，如图 1-2-9、图 1-2-10 所示。

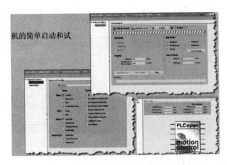

图 1-2-9　驱动控制面板

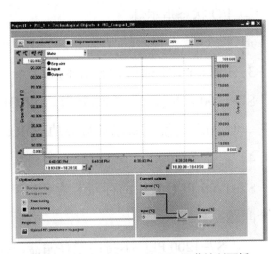

图 1-2-10　S7-1200 的 PID 调节控制面板

2. CPU 面板

S7-1200 系列的面板如图 1-2-11 所示。

1）状态指示灯

S7-1200 CPU 有三类状态指示灯，用于指示 CPU 模块的运行状态，分别为 STOP/RUN 指示灯、ERROR 指示灯和 MAINT 指示灯，如图 1-2-12 所示。

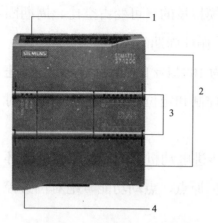

图 1-2-11　S7-1200 系列的面板
1—电源接口；2—可拆卸用户接线连接器
（保护盖下面）；
3—板载 I/O 的状态 LED；4—PROFINET
连接器（CPU 的底部）

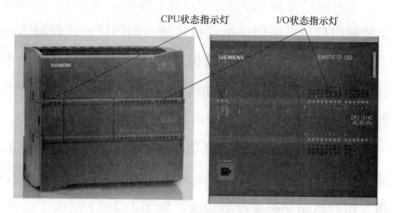

图 1-2-12　CPU 状态、I/O 状态指示灯

（1）STOP/RUN 指示灯：当该指示灯为橙色和绿色交替闪烁时，CPU 处于正在启动模式；当指示灯颜色为绿色时，CPU 处于 RUN（运行）模式；当指示灯颜色为红色时，CPU 处于 STOP（停止）模式。

（2）ERROR 指示灯：该指示灯为纯红色时，表示硬件出现故障；该指示灯为红色闪烁时表示有错误，例如 CPU 内部错误、存储卡错误、组态错误（模块不匹配）等。

（3）MAINT 指示灯：每次插入存储卡时闪烁。

2）I/O 状态指示灯

通过 I/O 状态指示灯（见图 1-2-12）的点亮或熄灭来指示各种输入或输出的状态。

3）PROFINET 通信状态指示灯

S7-1200 CPU 提供了两个指示 PROFINET 通信状态的指示灯——"Likn"和"Rx/Tx"，"Likn"点亮时指示连接成功，"Rx/Tx"点亮时指示传输活动，如图 1-2-13 所示。

4）存储卡

S7-1200 PLC 使用的存储卡为 SD 卡（其插槽如图 1-2-14 所示），使用时应注意以下几个问题：

（1）S7-1200 PLC 本身内置存储器，没有存储卡一样可以使用。

（2）对正在运行的 CPU 上插存储卡会造成 CPU 停机。

（3）S7-1200 CPU 只支持由西门子制造商预先格式化过的存储卡。

（4）如果用 Windows 格式化程序对存储卡进行格式化操作，该存储卡将无法被 CPU 识读。

图 1-2-13　PROFINET 通信状态的指示灯

图 1-2-14　存储卡插槽

3. 信号板

S7-1200 CPU 可以根据系统需要进行扩展，各种 CPU 正面都可以增加一块信号板（见图 1-2-15），信号板为嵌入式安装（见图 1-2-16），可以在不增加空间的情况扩展 CPU I/O 点，从而提高控制系统的性价比。S7-1200 有 SB1222、SB1223、SB1231、SB1232 等信号板，可与 S7-1200 系列所有 CPU 通用。

信号板的类型有：

（1）具有 4 个数字量 I/O（2*DC 输入和 2*DC 输出）的信号板。

（2）具有 1 路模拟量输出的信号板。

图 1-2-15　信号板

信号板连接处

图 1-2-16　信号板的位置

4. 信号模块

S7-1200 可通过附加各种信号模块来扩展其能力，分为模拟量输入模块、模拟量输出模块、模拟量输入/输出模块、数字量输入模块、数字量输出模块、数字量输入/输出模块。信号模块如图 1-2-17 所示。

每个信号模块上都有 DIAG 指示灯和 I/O Channel 灯，其显示意义如表 1-2-2 所示。

图 1-2-17　信号模块

表 1-2-2　信号模块指示灯显示意义

说明	DIAG（红色 / 绿色）	I/O Channel（红色 / 绿色）
现场侧电源关闭	呈红色闪烁	呈红色闪烁
没有组态或更新在进行中	呈绿色闪烁	灭
模块已组态且没有错误	亮（绿色）	亮（绿色）
I/O 错误（启用诊断时）	—	呈红色闪烁
I/O 错误（禁用诊断时）	—	亮（绿色）
错误状态	呈红色闪烁	—

5. 通信模块

S7-1200 CPU 集成了一个 PROFINET 通信端口，支持传输控制协议（TCP）、ISO-on-TCP（RFC 1006）与 S7 通信，该接口的数据传输速率为 10 Mbit/s、100 Mbit/s，支持电缆交叉自适应，支持最多 16 个以太网连接，可用于标准的或交叉的以太网，实现快速、简单、灵活的工业通信。

S7-1200 可以通过 TCP 通信协议与 S7-1200 CPU、STEP 7 Basic 编程设备、HMI 设备和非西门子设备通信。

S7-1200 最多可以增加三个通信模块，它们安装在 CPU 的左边。

RS485 和 RS232 通信模块为点到点（P2P）串行通信提供连接，其有以下特征：端口经过隔离、支持点对点协议、通过扩展指令和库功能指令进行组态和编程、通过 LED 显示传送和接收活动，显示诊断 LED、有 CPU 供电，不必外接电源。

知识点 3：S7-1200 PLC 的安装

S7-1200 PLC 尺寸较小，易于安装，是敞开式控制器。S7-1200 PLC 可以水平或垂直安装在外壳、控制柜或电控室内的面板或标准导轨上，如图 1-2-18 所示。

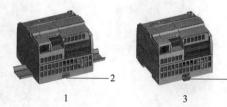

图 1-2-18　S7-1200 PLC 的安装
1—DIN 导轨安装；2—DIN 导轨卡夹处于锁紧位置；
3—面板安装；4—卡夹处于伸出位置用于面板安装

（1）S7-1200 PLC 应安装在干燥的环境中，必须将产生高压和高电噪声的设备与 S7-1200 等低压逻辑型设备隔离开。

（2）S7-1200 采用自然对流冷却设计，为保证适当冷却，在设备上方和下方必须留出至少 25 mm 的空隙。此外，模块前端与机柜内壁间至少应留出 25 mm 的深度。

（3）规划 S7-1200 系统的布局时，应留出足够的空隙以方便接线和通信电缆连接。

（4）在安装或拆卸 S7-1200 模块之前，要确保已关闭相应设备的电源及已关闭所有相关设备的电源。

安装 S7-1200 PLC 预留空间如图 1-2-19 所示。

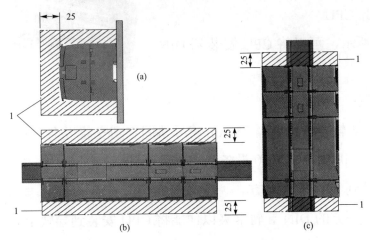

图 1-2-19　安装 S7-1200 PLC 预留空间
（a）侧视图；（b）水平安装；（c）垂直安装
1—空隙区域

1）安装尺寸

S7-1200 PLC 安装尺寸（mm）如图 1-2-20 所示。

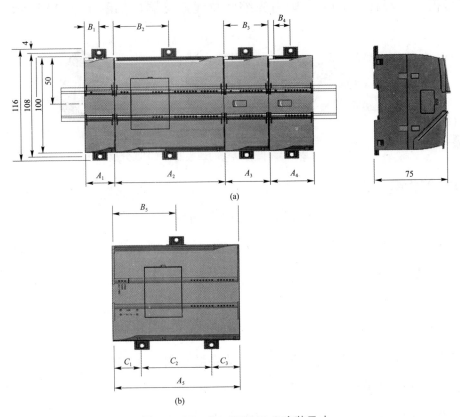

图 1-2-20　S7-1200 PLC 安装尺寸
（a）CPU 1211C，CPU 1212C，CPU 1214C；（b）CPU 1215C，CPU 1217C

每个 CPU、SM、CM 和 CP 都支持安装在 DIN 导轨或面板上。使用模块上的 DIN 导轨卡夹（内部尺寸是 4.3 mm）将设备固定到导轨上。这些卡夹还能掰到一个伸出位置以提供将设备直接安装到面板上的螺钉安装位置。

2）安装和拆卸 CPU

如图 1-2-21 所示，可以将 CPU 安装到 DIN
导轨或面板上。

图 1-2-21　在 DIN 导轨上安装 CPU

安装 CPU 步骤：

（1）安装 DIN 导轨。按照每隔 75 mm 将导轨固定到安装板上。

（2）确保 CPU 和所有 S7-1200 设备都与电源断开。

（3）将 CPU 挂到 DIN 导轨上方。

（4）拉出 CPU 下方的 DIN 导轨卡夹以便能将 CPU 安装到导轨上。

（5）向下转动 CPU 使其在导轨上就位。

（6）推入卡夹将 CPU 锁定到导轨上。

若要准备拆卸 CPU，先断开 CPU 的电源及 I/O 连接器、接线或电缆。将 CPU 和所有
相连的通信模块作为一个完整单元拆卸，所有信号模块均保持安装状态。

如果信号模块已经连接 CPU，则需先缩回总线连接器，如图 1-2-22 所示。

图 1-2-22　拆卸信号模块的连接器与 CPU 分离

拆卸 CPU 的步骤：

（1）确保 CPU 和所有 S7-1200 设备都与电源断开。

（2）将螺丝刀放到信号模块上方的小接头旁。

（3）向下按使连接器与 CPU 分离。

（4）将小接头完全滑到右侧。

（5）拉出 DIN 导轨卡夹从导轨上松开 CPU。

（6）向上转动 CPU 使其脱离导轨，然后从系统中卸下 CPU。

3）安装和拆卸信号模块

在安装 CPU 之后安装信号模块，如图 1-2-23 所示。

安装信号模块的步骤：

（1）确保 CPU 和所有 S7-1200 设备都与电源断开。

（2）卸下 CPU 右侧的连接器盖，将螺丝刀插入盖上方的插槽中，将其上方的盖轻轻撬

出并卸下盖，收好盖以备再次使用。

（3）将 SM 挂到 DIN 导轨上方，装在 CPU 旁边，拉出下方的 DIN 导轨卡夹以便将 SM 安装到导轨上。

（4）向下转动 CPU 旁的 SM 使其就位并推入下方的卡夹将 SM 锁定到导轨上。伸出总线连接器即为 SM 建立了机械和电气连接。

（5）将螺丝刀放到 SM 上方的小接头旁。将小接头滑到最左侧，使总线连接器伸到 CPU 中。

如图 1-2-24 所示，可以在不卸下 CPU 或其他 SM 处于原位时卸下任何 SM。

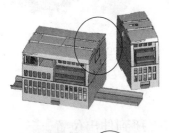

图 1-2-23　安装 S7-1200 信号模块　　　　图 1-2-24　拆卸 S7-1200 信号模块

拆卸信号模块的步骤：

（1）确保 CPU 和所有 S7-1200 设备都与电源断开。

（2）将 I/O 连接器和接线从 SM 上卸下。

（3）缩回总线连接器。将螺丝刀放到 SM 上方的小接头旁，向下按使连接器与 CPU 相分离，将小接头完全滑到右侧。

（4）拉出下方的 DIN 导轨卡夹从导轨上松开 SM。向上转动 SM 使其脱离导轨，从系统中卸下 SM。如有必要，用盖子盖上 CPU 的总线连接器以避免污染。

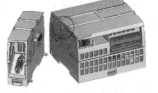

4）安装和拆卸通信模块

通信模块只能连接到 CPU 左侧，然后将该组件作为一个单元来安装到 DIN 导轨或面板上，如图 1-2-25 所示。

安装通信模块的步骤：

（1）确保 CPU 和所有 S7-1200 设备都与电源

图 1-2-25　安装 S7-1200 通信模块

断开。

（2）卸下 CPU 左侧的总线盖，将螺丝刀插入总线盖上方的插槽中，轻轻撬出上方的盖，卸下总线盖，收好盖以备再次使用。

（3）将 CM 或 CP 连接到 CPU 上，使 CM 的总线连接器和接线柱与 CPU 上的孔对齐，用力将两个单元压在一起直到接线柱卡入到位。

（4）将 CPU 和 CP 安装到 DIN 导轨或面板上。

将 CPU 和 CM 作为一个完整单元从 DIN 导轨或面板上卸下，如图 1-2-26 所示。

拆卸通信模块的步骤：

（1）确保 CPU 和所有 S7-1200 设备都与电源断开。

图 1-2-26　拆卸 S7-1200 通信模块

（2）拆除 CPU 和 CM 上的 I/O 连接器和所有接线及电缆。

（3）对于 DIN 导轨安装，将 CPU 和 CM 上的下部 DIN 导轨卡夹掰到伸出位置。

（4）从 DIN 导轨或面板上卸下 CPU 和 CM。

（5）用力抓住 CPU 和 CM，并将它们分开。

5）安装和拆卸信号扩展板

安装信号扩展板步骤（见图 1-2-27）：

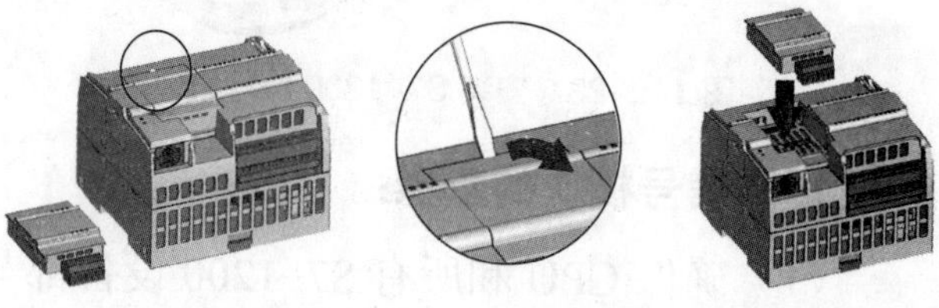

（1）确保 CPU 和所有 S7-1200 设备都与电源断开。

（2）卸下 CPU 上部和下部的端子板盖板。

图 1-2-27　安装 S7-1200 信号扩展板

（3）将螺丝刀插入 CPU 上部接线盒盖背面的槽中。

（4）轻轻将盖直接撬起并从 CPU 上卸下。

（5）将模块直接向下放入 CPU 上部的安装位置中。

（6）用力将模块压入该位置直到卡入就位。

（7）重新装上端子板盖子。

拆卸信号扩展板步骤（见图 1-2-28）：

（1）确保 CPU 和所有 S7-1200 设备都与电源断开。

（2）卸下 CPU 上部和下部的端子板盖板。

图 1-2-28　拆卸 S7-1200 信号扩展板

（3）用螺丝刀轻轻分离以卸下信号板连接器（如已安装）。

（4）将螺丝刀插入模块上部的槽中。

（5）轻轻将模块撬起使其与 CPU 分离。

（6）不使用螺丝刀，将模块直接从 CPU 上部的安装位置中取出。

（7）将盖板重新装到 CPU 上。

（8）重新装上端子板盖子。

6）拆卸和安装端子板连接器

CPU、SB 和 SM 模块提供了方便接线的可拆卸连接器，如图 1-2-29 所示。

图 1-2-29　可拆卸连接器

拆卸端子板连接器步骤：

（1）确保 CPU 和所有 S7-1200 设备都与电源断开。

（2）通过卸下 CPU 的电源并打开连接器上的盖子，查看连接器的顶部并找到可插入螺丝刀头的槽。

（3）将螺丝刀插入槽中。

（4）轻轻撬起连接器顶部使其与 CPU 分离，连接器从夹紧位置脱离。

（5）抓住连接器并将其从 CPU 上卸下。

通过断开 CPU 的电源并打开连接器的盖子，准备端子板安装的组件。

安装端子板连接器步骤：

（1）确保 CPU 和所有 S7-1200 设备都与电源断开。

（2）使连接器与单元上的插针对齐。

（3）将连接器的接线边对准连接器座沿的内侧。

（4）用力按下并转动连接器直到卡入到位。仔细检查以确保连接器已正确对齐并完全啮合。可以参考图 1-2-30 进行操作。

图 1-2-30　安装端子板连接器

知识点 4：PLC 的接线准则

所有电气设备的正确接地和接线非常重要，因为这有助于确保实现最佳系统运行以及使用者的应用和为 S7-1200 提供更好的电噪声防护。

1．先决条件

在对任何电气设备进行接地或者接线之前，请确保设备的电源已经断开，与此同时还要确保已关闭所有相关设备的电源。

确保在对 S7-1200 和相关设备接线时遵守所有适用的电气规程。根据所有适用的国家和地方标准来安装和操作所有设备。

如果在安装或拆卸过程中没有断开 S7-1200 或相关设备的所有电源，则可能会由于电击或意外设备操作而导致死亡、人员重伤和 / 或财产损失。务必遵守适当的安全预防措施，确保在尝试安装或拆卸 S7-1200 或相关设备前断开 S7-1200 的电源。

在规划 S7-1200 系统的接地和接线时，务必考虑安全问题。电子控制设备（如 S7-1200）可能会失灵和导致正在控制或监视的设备出现意外操作，因此，应采取一些独立于 S7-1200 的安全措施以防止可能的人员受伤或设备损坏。

2. 绝缘准则

S7-1200 交流电源和 I/O 与交流电路的边界经过设计，经验证可以在交流线路电压与低压电路之间实现安全隔离。根据各种适用的标准，这些边界包括双重或加强绝缘，或者基本绝缘加辅助绝缘。跨过这些边界的组件（如光耦合器、电容器、变压器和继电器）已通过安全隔离认证。仅采用交流线路电压的电路才与其他电路实现安全隔离。24 V DC 电路间的隔离边界仅起一定作用，不应依赖于这些边界提供安全性。根据 EN61131-2，集成有交流电源的 S7-1200 的传感器电源输出、通信电路和内部逻辑电路属于 SELV（安全超低电压）电路。要维持 S7-1200 低压电路的安全特性，到通信端口、模拟电路以及所有 24 V DC 额定电源和 I/O 电路的外部连接必须由合格的电源供电，该电源必须满足各种标准对 SELV、PELV、2 类限制电压或受限电源的要求。

若使用非隔离或单绝缘电源通过交流线路给低压电路供电，可能会导致本来应当可以安全触摸的电路上出现危险电压，例如，通信电路和低压传感器线路。这种意外的高压可能会引起电击而导致死亡、人员重伤和 / 或财产损失，应当使用合格的高压转低压整流器作为可安全接触的限压电路的供电电源。

3. S7-1200 的接地准则

将应用设备接地的最佳方式是确保 S7-1200 和相关设备的所有公共端和接地连接在同一个点接地，该点应该直接连接到系统的大地接地。所有地线应尽可能地短且应使用大线径，如 2 mm^2（14 AWG）。确定接地点时，应考虑安全接地要求和保护性中断装置的正常运行。

4. 感性负载的使用准则

对于感性负载应安装抑制电路，以在控制输出断开时限制电压升高。抑制电路可保护输出，防止通过感性负载中断电流时产生的高压瞬变导致其过早损坏。

此外，抑制电路还能限制开关感性负载时产生的电噪声。抑制能力差的感性负载产生的高频噪声会中断 PLC 的运行。配备一个外部抑制电路，使其从电路上跨接在负载两端并且在位置上接近负载，这样对降低电噪声最有效。

1）控制感性负载

在大多数应用中，在直流感性负载两端增加一个二极管（A）就可以了，但如果应用

要求更快的关闭时间，则再增加一个稳压二极管（B），如图
1-2-31 所示。应确保正确选择稳压二极管，以适合输出电路中
的电流量。

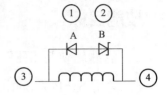

图 1-2-31　直流感性负载抑制电路

① 1N4001 二极管或同等元件。

② 8.2 V 稳压二极管（直流输出）、36 V 稳压二极管（继电器输出）。

③输出点。

2）控制交流负载的继电器输出

使用继电器输出开关 115 V、230 V 交流负载时，在交流负载

两端并联一个电阻 / 电容网络，如图 1-2-32 所示。

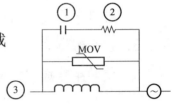

图 1-2-32　控制交流负载的
继电器输出

① C 值为 0.1 μF。

② R 值为 100 ～ 200 Ω。

③输出点。

5．灯负载的使用准则

接通浪涌电流大，灯负载会损坏继电器触点。该浪涌电流通常是钨灯稳态电流的
10 ～ 15 倍。对于在应用期间将进行大量开关操作的灯负载，建议安装可更换的插入式继
电器或浪涌限制器。

每课一句小古文：

"冬则温，夏则清。晨则省，昏则定。出必告，反必面。"

每天早上要记得向父母问候，问早安。同时，问完早安之后，还要关心一下，昨天睡得
好不好？是不是安稳？是不是睡得很舒服？

出门要告诉父母一声，回来也要通报一声。

任务 1-3　编程工具 STEP 7 Basic

知识目标：

1．认识 STEP 7 Basic。

2．掌握 STEP 7 Basic 的使用方法。

3．了解 STEP 7 Basic 的适用范围。

技能目标：

1. 能熟练使用 STEP 7 Basic。

2. 能用 STEP 7 Basic 进行编程。

情感目标：

1. 培养善于独立思考、交流沟通的协作能力。

2. 组织学生搜集 PLC 选型资料，在学习过程中培养学生自主探究的精神。

3. 在小组协作学习过程中，提高学生团队协作精神。

4. 使学生养成"欲善其事，先利其器"的良好习惯。

情景引入：

经过之前任务的学习，我们大家已经对 S7-1200 系列 PLC 有了初步了解，那如何跟 PLC 进行人机对话呢？

任务资讯

知识点 1：编程工具 STEP 7 Basic 的特点

1. STEP 7 Basic 的特点

SIMATIC STEP 7 Basic 是西门子公司开发的高集成度工程组态系统，包括面向任务的 HMI 智能组态软件 SIMATIC WinCC Basic。

上述两个软件集成在一起，也称为 TIA（Totally Integrated Automation，全集成自动化）Portal，它提供了直观易用的编辑器，用于对 S7-1200 和精简系列面板进行高效组态。

除了支持编程以外，STEP 7 Basic 还为硬件和网络组态、诊断等提供通用的工程组态框架。

STEP 7 Basic 提供了两种编程语言（LAD 和 FBD）。有两种视图：Portal（门户）视图，可以概览自动化项目的所有任务；项目视图，将整个项目（包括 PLC 和 HMI）按多层结构显示在项目树中。

2. STEP 7 Basic 的典型的自动化系统

典型的自动化系统包含以下内容（见图 1-3-1）：

（1）借助程序来控制过程的 PLC。

（2）用来操作和可视化过程的 HMI 设备。

TIA Portal 可用来创建自动化系统，关键的组态步骤为：

（1）创建项目。

（2）配置硬件。

（3）联网设备。

（4）对 PLC 编程。

（5）组态可视化。

（6）加载组态数据。

（7）使用在线和诊断功能。

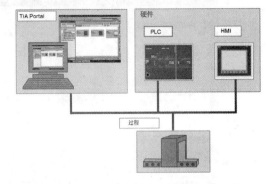

图 1-3-1　典型的自动化系统

3. 编程工具 STEP 7 Basic 的工程组态系统

可以使用 TIA Portal 在同一个工程组态系统中组态 PLC 和可视化，如图 1-3-2 所示。

所有数据均存储在一个公共的项目文件中，STEP 7 和 WinCC 不是单独的程序，而是可以访问公共数据库。

4. 编程工具 STEP 7 Basic 的数据管理

在 TIA Portal 中，所有数据都存储在一个项目中。修改后的应用程序数据（如变量）会在整个项目内（甚至跨越多台设备）自动更新。图 1-3-3 所示为数据管理示例。

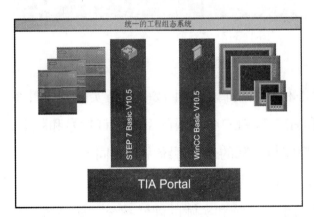

图 1-3-2　工程组态系统

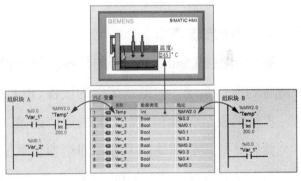

图 1-3-3　数据管理示例

知识点 2：STEP 7 Basic 的使用方法

1. 编程工具 STEP 7 Basic 的界面总览

STEP 7 Basic 的界面总览如图 1-3-4 所示。

2. 操作步骤

（1）"项目"新建，出现"创建新项目"对话框，如图 1-3-5 所示。

（2）双击项目树中的"添加新设备"，如图 1-3-6 所示。

（3）"选项"设置，如图 1-3-7 所示。

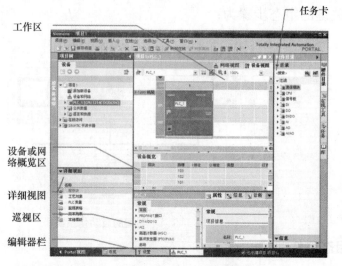

工作区
任务卡
设备或网络概览区
详细视图
巡视区
编辑器栏

图 1-3-4　STEP 7 Basic 的界面总览

图 1-3-5　创建新项目

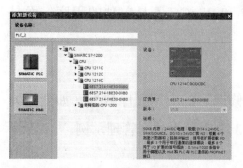

图 1-3-6　添加新设备

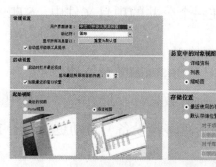

图 1-3-7　"选项"设置

3. 硬件组态

硬件组态（Configuring）的任务就是在设备和网络编辑器中生成一个与实际的硬件系统对应的模拟系统，包括系统中的设备（PLC 和 HMI），PLC 各模块的型号、订货号和版本。

模块的安装位置和设备之间的通信连接，都应与实际的硬件系统完全相同。

此外还应设置模块的参数，即给参数赋值，或称为参数化。

自动化系统启动时，CPU 比较组态时生成的虚拟系统和实际的硬件系统，如果两个系统不一致，将采取相应的措施。

1）硬件组态——添加模块

在硬件组态时，如需要将 I/O 模块或通信模块放置到工作区的机架的插槽内（见图 1-3-8）：用"拖放"的方法或"双击"的方法放置硬件对象。

2）硬件组态——过滤器

如果激活了硬件目录的过滤器功能，

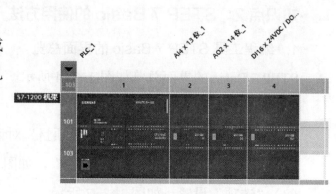

图 1-3-8　添加模块

则硬件目录只显示与工作区有关的硬件。

例如用设备视图打开 PLC 的组态画面时，则硬件目录不显示 HMI，
只显示 PLC 的模块，如图 1-3-9 所示。

3）硬件组态——删除硬件组件

可以删除设备视图或网络视图中的硬件组态组件，被删除的组件的
地址可供其他组件使用。不能单独删除 CPU 和机架，只能在网络视图或
项目树中删除整个 PLC 站。

图 1-3-9　硬件目录
的过滤器功能

删除硬件组件后，可以对硬件组态进行编译。编译时进行一致性
检查，如果有错误将会显示错误信息，应改正错误后重新进行编译。

4）硬件组态——信号模块和信号板的地址分配

添加了 CPU、信号板或信号模块后，它们的 I/O 地址是自动分配的。选中"设备概
览"，可以看到 CPU 集成的 I/O 模板、信号板、信号模块的地址，如图 1-3-10 所示。

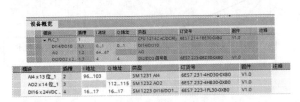

图 1-3-10　I/O 模板、信号板、信号模块的地址

选中模块，通过巡视窗口的"I/O 地址 / 硬件标识符"，可以修改模块的地址，如
图 1-3-11 所示；也可以直接在设备概览中修改，如图 1-3-12 所示。

图 1-3-11　I/O 地址 / 硬件标识符

图 1-3-12　设备概览

DI/DO 的地址以字节为单位分配，没有用完一个字节，剩余的位也不能用作他用。

AI/AO 的地址以组为单位分配，每一组有两个输入 / 输出点，每个点（通道）占一个
字或两个字节。建议不要修改自动分配的地址。

5）硬件组态——数字量输入点的参数设置

选中设备视图中的 CPU、信号模块或信号板，然
后选中巡视窗口，设置输入端的滤波器时间常数，如
图 1-3-13 所示。

图 1-3-13　数字量输入点的参数设置

可以激活输入点的上升沿和下降沿中断功能，以及设置产生中断时调用的硬件中断
OB，如图 1-3-14 所示。

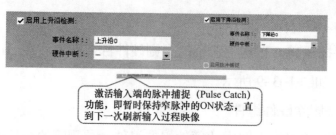

图 1-3-14　激活中断功能

6）硬件组态——数字量输出点的参数设置

数字量输出点的参数设置如图 1-3-15 所示。

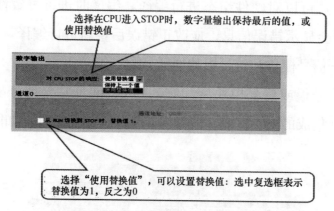

图 1-3-15　数字量输出点的参数设置

7）硬件组态——模拟量输入点的参数设置

模拟量输入点的参数设置如图 1-3-16 所示。

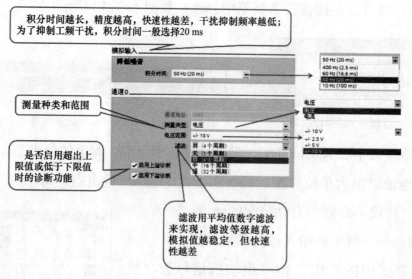

图 1-3-16　模拟量输入点的参数设置

8）硬件组态——模拟量转换后用模拟值表示

模拟量输入/输出模块中模拟量对应的数字称为模拟值，模拟值用16位二进制补码（整数）表示。最高位（第16位）为符号位，正数的符号位为0，负数的符号位为1。

模拟量经 A/D 转换后得到的数值位数如果小于 16，则自动左移，使其符号位在 16 位字的最高位，未使用的低位则填入 0，称为"左对齐"。设模拟量的精度为 12 位加符号位，左移 3 位后，相对于实际的模拟值被乘以 8。

这种处理方法的优点在于模拟量的量程与移位处理后数字的关系是固定的，与左对齐之前的转换值无关，便于后续的处理。模拟量输入模块的模拟值范围如表 1-3-1 所示。

表 1-3-1　模拟量输入模块的模拟值范围

范围	双极性				单极性			
	十进制	十六进制	百分比	±10.5, 2.5 V	十进制	十六进制	百分比	0~20 mA
上溢出，断电	32 767	7FFFH	118.515%	11.851 V	32 767	7FFFH	118.515%	23.70 mA
超出范围	32 511	7EFFH	117.589%	11.759 V	32 511	7EFFH	11.589%	23.52 mA
正常范围	27 648	6C00H	100.000%	10 V	27 648	6C00H	100.000%	20 mA
	0	0H	0	0	0	0H	0	0
	−27 648	9400H	−100.000%	−10 V				
低于范围	−32 512	8100H	−117.593%	−11.759 V				
下范围，断电	−32 768	8000H	−118.519%	−11.851 V				

9）硬件组态——设置系统存储器字节与时钟存储器字节

设置系统存储器字节与时钟存储器字节如图 1-3-17 所示。

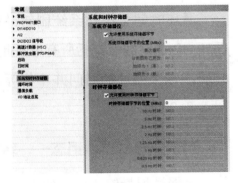

将 MB1 设置为系统存储器字节后，该字节的 M1.0～M1.3 的含义：

（1）M1.0（首次循环）：仅在进入 RUN 模式的首次扫描时为 1，以后为 0。

（2）M1.1（诊断图形已更改）：CPU 登录了诊断事件时，在一个扫描周期内为 1。

图 1-3-17　设置系统存储器字节与时钟存储器字节

（3）M1.2（始终为 1）：总是为 1 状态，其常开触点总是闭合。

（4）M1.3（始终为 0）：总是为 0 状态，其常闭触点总是闭合。

时钟脉冲是一个周期内 0 和 1 所占的时间各为 50% 的方波信号，时钟存储器字节每一位对应的时钟脉冲的周期或频率如表 1-3-2 所示。CPU 在扫描循环开始时初始化这些位。

表 1-3-2　时钟存储器字节每一位对应的时钟脉冲的周期或频率

位	7	6	5	4	3	2	1	0
周期 /s	2	1.6	1	0.8	0.5	0.4	0.1	0.2
频率 /Hz	0.5	0.625	1	1.25	2	2.5	10	5

以 M0.5 为例，其时钟脉冲的周期为 1 s，如果用它的触点来控制某输出点对应的指示灯，指示灯将以 1 Hz 的频率闪动，亮 0.5 s，暗 0.5 s。

组态上电后 CPU 的三种启动方式（见图 1-3-18）：

（1）不重新启动，保持在 STOP 模式。

（2）暖启动，进入 RUN 模式。

（3）暖启动，进入断电之前的工作模式。

CPU 带有实时时钟（Time-of-day Clock），在 PLC 的电源断电时，用超级电容器给实时时钟供电。PLC 通电 24 h 后，超级电容器被充足够的能量，可以保证实时时钟运行 10 天。

在线模式下可以设置 CPU 的实时时钟时间，如图 1-3-19 所示。

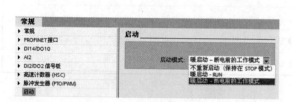

图 1-3-18　启动模式

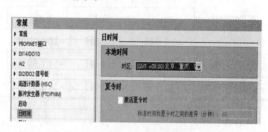

图 1-3-19　时间设置

循环时间是操作系统刷新过程映像和执行程序循环 OB 的时间，包括所有中断此循环的程序的执行时间，每次循环的时间并不相等。循环时间设置如图 1-3-20 所示。

图 1-3-20　循环时间设置

知识点 3：硬件组态——转换举例

根据模拟量输入模块的输出值计算对应的物理量时，应考虑变送器的输入/输出量程和模拟量输入模块的量程，找出被测物理量与 A/D 转换后的数字之间的比例关系。

小任务 1：压力变送器的量程为 0 ~ 10 MPa，输出信号为 0 ~ 10 V，模拟量输入模块的量程为 0 ~ 10 V，转换后的数字量为 0 ~ 27 648。

任务分析：设转换后得到的数字为 N，试求以 kPa 为单位的压力值。

0 ~ 10 MPa 的模拟量对应于数字量 0 ~ 27 648，转换公式为

$$P = 1\,000 \times N / 27\,648\ (\text{kPa})$$

注意：在运算时一定要先乘后除，否则会损失原始数据的精度。

小任务 2：某温度变送器的量程为 -100 ~ 500 ℃，输出信号为 4 ~ 20 mA，某模拟量输入模块将 0 ~ 20 mA 的电流信号转换后的数字为 0 ~ 27 648。

任务分析：设转换后得到的数字为 N，求以 0.1 ℃ 为单位的温度值。

单位为 0.1 ℃ 的温度值 −1 000 ～ 5 000 对应于数字量 5 530 ～ 27 648，如图 1-3-21 所示，转换公式为

$$\frac{T-(1\,000)}{N-5\,530}=\frac{5\,000-(-1\,000)}{27\,648-5\,530}$$

$$T=\frac{6\,000\times(N-5\,530)}{22\,118}-1\,000 \qquad (0.1\ ℃)$$

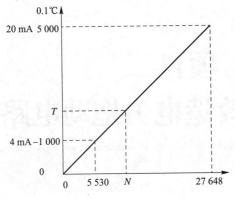

图 1-3-21 温度与数字量的转换 项目的创建及组态

每课一句小古文：

"工欲善其事，必先利其器。"

工匠想做好他的工作，一定要先让工具锋利，比喻要做好一件事，准备工作非常重要。学习也是一样的，准备工作非常重要。编程工具 STEP 7 Basic 就是学习 PLC 编程的"器"，只有将编程工具磨"利"了，才能在以后的编程学习中得心应手，达到事半功倍的效果。而熟练掌握一门技能、良好的行为习惯就是工作中的"利器"。

项目二
PLC 改造电力拖动电路

任务 2-1　三相异步电动机的连续正转 PLC 控制

知识目标：

1. 学会编程元件输入继电器 I 和输出继电器 Q 的功能和使用方法。
2. 能根据继电－接触器控制电路设计 PLC 控制程序。

能力目标：

1. 能根据继电－接触器控制电路原理分配 I/O 地址，画接线图并安装接线。
2. 能对三相异步电动机的正转 PLC 控制编写程序以及联机调试。

情感目标：

1. 引导学生搜集学校、社会和企业生产中有关安全、文化的标语，树立文明安全操作规范意识。
2. 组织学生搜集 PLC 改造的项目，在学习过程中培养学生自主探究的精神。
3. 在小组协作学习过程中，提高学生团队协作精神。
4. 使学生认识到"智能之士，不学不成，不问不知"的道理。

情景引入：

用 PLC 控制一台电动机，按下点动按钮时，电动机通电运转；当松开点动按钮时，电动机断电停止。同时观察 PLC 有什么现象。

任务资讯

知识点 1：输入继电器 I

在 PLC 机上，每个输入端子都有一个与之对应的输入过程映像寄存器，通常把输入过程映像寄存器等效为输入继电器。输入继电器的作用是接收来自现场的控制按钮、行程开关及各种传感器等发出的开关量的输入信号。

输入继电器的地址符号通常采用八进制编码，例如"I0.0 ～ I0.7"。输入继电器以及后面介绍的输出继电器、定时器、计数器等，都称为软继电器，都具有线圈、常开触点和常闭触点。

　　输入继电器线圈只受外部信号控制，在 PLC 的内部程序中不能出现，而常开、常闭触点在内部梯形图中可以无限次使用，如图 2-1-1 所示。

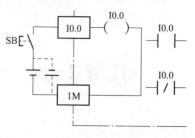

图 2-1-1　PLC 输入继电器的结构形式及其常开和常闭触点

知识点 2：输出继电器 Q

　　输出继电器用来存储 PLC 程序执行的结果，是 PLC 数据存储区中的输出过程映像寄存器。在每个扫描周期的执行用户程序等阶段，并不把输出结果信号真正输出去驱动外部负载，而只是送到输出过程映像寄存器，只有在每个扫描周期的末尾才将输出过程映像寄存器中的结果同时送到输出锁存器，由输出单元驱动外部的负载。

　　输出继电器的地址符号也采用八进制编码，例如"Q0.0 ～ Q0.7"。

　　在 PLC 的内部程序中，输出继电器的线圈仅能出现一次，而常开、常闭触点在内部梯形图中可以无限次使用。PLC 输出继电器线圈、常开触点和常闭触点的图形符号如图 2-1-2 所示。

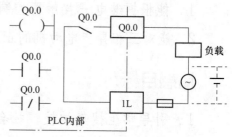

图 2-1-2　PLC 输出继电器的结构形式及其线圈、常开和常闭触点

知识点 3：输入 / 输出继电器的指令结构、功能及其应用方法

1. 指令结构

1）触点

在 PLC 梯形图中（见图 2-1-3），触点指令为"上下式"结构。在指令的上侧部分为该触点的映像寄存器加上地址位，例如"I0.0"中，"I"表示该指令为输入映像寄存器，"0.0"表示该指令的地址数为第"0"组的第"0"位。

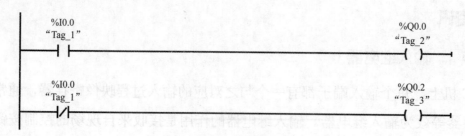

图 2-1-3　梯形图示例

　　指令中符号"Tag_1"表示该触点指令的变量名称。

　　指令的下侧部分为该触点的图形符号。当指令的图形符号为"—| |—"时，表示该

触点指令为常开触点；当指令的图形符号为"—|/|—"时，表示该触点指令为常闭触点。

2）线圈

由于输入继电器的线圈不能出现在 PLC 梯形图中，因此该指令结构以输出继电器的线圈为例。

线圈指令为"上下式"结构。在指令的上侧部分为该线圈的映像寄存器加上地址位，例如"Q0.0"中，"Q"表示该指令为输出映像寄存器，"0.0"表示该指令的地址数为第"0"组的第"0"位。

指令中符号"Tag_2"表示为该线圈指令的变量名称。

指令的下侧部分为该线圈的图形符号，指令的图形符号为"—( )—"。

2. 指令功能

1）PLC 触点形式

PLC 触点主要有常开和常闭两种形式。PLC 触点功能与常见继电器设备的触点功能类似，即可将 PLC 梯形图中的各个触点看作继电控制线路中的开关变量。当触点闭合时，电路导通，电流可从该触点流过；当触点断开时，电路断开，电流不能从该触点流过。

当外部信号引入 PLC 输入过程映像寄存器时，输入继电器 I 的线圈得电，其触点随之动作，导致 PLC 输入继电器 I 的常开触点闭合，常闭触点断开。

当 PLC 梯形图中输出继电器 Q 的线圈得电后，导致 PLC 输出继电器 Q 的常开触点闭合，常闭触点断开。

2）线圈

线圈又称"赋值"指令，PLC 线圈的功能与常见继电器设备线圈的功能类似。当 PLC 线圈得电后，会带动与 PLC 线圈同变量名的触点随之改变其常开或者常闭的工作状态。

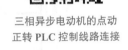

三相异步电动机的点动
正转 PLC 控制线路连接

3. 指令应用

以本节"情景引入"为例，使用西门子 1214C PLC 设备，编写用 PLC 控制一台三相异步电动机，按下按钮电动机转动，松开按钮电动机停止的梯形图程序。

三相异步电动机的点动
正转 PLC 控制程序运行

（1）新建 PLC 程序项目后，在 PLC 主程序中选中"Main"程序块，在"程序段 1"空白横线上单击选中，如图 2-1-4 所示。

（2）调用方法 1：在系统右侧的"基本指令"→"位逻辑运算"文件夹下，选择"常开触点""常闭触点"或者"赋值"指令（见图 2-1-5），双击后，会自动在"程序段 1"空白横线上添加相应的指令。

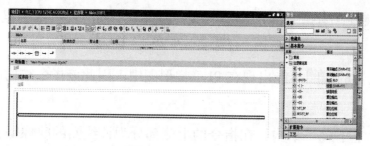

图 2-1-4　程序段 1

调用方法 2：在系统上侧的"快捷图标"中（见图 2-1-6），用鼠标双击"┤├" "┤/├"或者"┤ ├"指令图标，或者直接选中对应的指令图标并拖拽到"程序段 1"中的空白横线上后，都可以自动在"程序段 1"空白横线上添加相应的指令。

图 2-1-5　调用方法 1

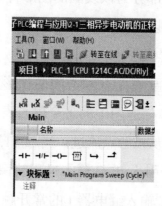

图 2-1-6　调用方法 2

无论选用哪一种方法添加指令，添加完成后的"程序段 1"如图 2-1-7 所示。

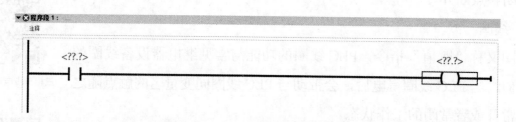

图 2-1-7　添加指令后的"程序段 1"

（3）修改指令的变量名。指令调用后，指令的变量名显示为红色的〈？？．？〉，需要修改指令的变量名。只有变量名正确写入后，变量名的颜色才会变成绿色和黑色。如果写入的变量名不正确，显示的颜色还是红色的。

修改方法 1（见图 2-1-8）：双击"程序段 1"红色的〈？？．？〉后，用键盘直接写入正确的变量名并确认，变量名会自动写入且颜色会变成绿色和黑色。

修改方法 2：选择系统左侧的"项目树"→"PLC变量"→"显示所有变量"后，在系统中间"PLC变量"

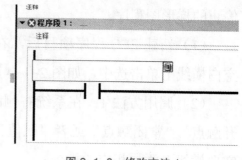

图 2-1-8　修改方法 1

表内先写入需要的变量名并确认，如图 2-1-9 所示。

双击"程序段 1"红色的〈？？.？〉后，再选中"▦"图标，在下拉变量名中选择所要的变量并确认，变量名会自动写入且颜色会变成绿色和黑色，如图 2-1-10 所示。

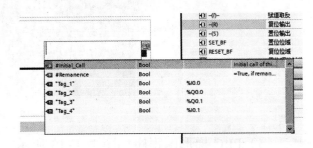

图 2-1-9　PLC 变量表内修改　　　　　　　图 2-1-10　修改方法 2

4. 举例说明

小任务：利用输入继电器 I0.0 指令，实现对输出继电器 Q0.0 的输出控制。实现利用 PLC 控制一盏灯时，按下按钮灯亮，松开按钮灯灭。

任务分析：

（1）I/O 地址分配表。

输入信号：按钮 SB—PLC 输入继电器 I0.0。

输出信号：电灯 L—PLC 输出继电器 Q0.0。

（2）案例分析。

按下按钮 I0.0 后，输出继电器线圈 Q0.0 得电开始输出信号，控制电灯亮。

松开按钮 I0.0 后，Q0.0 立即停止输出，电灯灭。

（3）电路连接原理如图 2-1-11 所示。

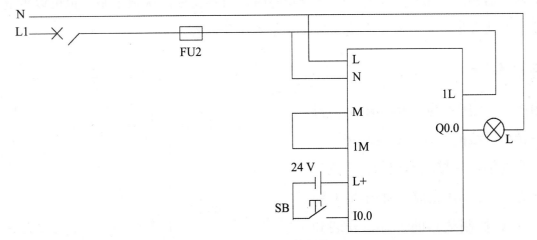

图 2-1-11　电路连接原理

（4）外部电路连接图如图 2-1-12 所示。

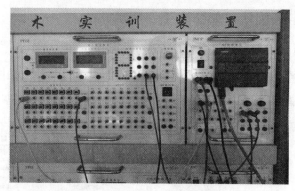

图 2-1-12　外部电路连接图

（5）PLC 梯形图程序如图 2-1-13 所示。

图 2-1-13　PLC 梯形图程序

5. 注意事项

（1）由于西门子 PLC 输入和输出继电器的地址符号位均采用八进制编码，即有效地址位的最低位（小数点后 1 位）只能是数字"0"～"7"，不能出现数字"8"和"9"。其他地址位不受此限制要求。例如，正确的写法有"I0.0""I9.0"等。错误的写法有"I0.8""I9.9"等。

（2）在 PLC 梯形图程序内，同一地址符号的继电器常开和常闭触点在程序中可以多次重复出现，不受使用限制。

（3）在 PLC 梯形图程序内，同一地址符号的输出继电器线圈只能出现一次。注意，如果输出继电器线圈采用"置位复位"指令功能时，将不受使用次数限制，也可以重复使用，具体使用方法详见"置位复位"指令功能章节的有关内容。

任务布置

图 2-1-14 所示为三相异步电动机连续正转控制线路，本任务要求将图片所示传统的继电－接触器控制方式改为 PLC 控制方式，并完成三相异步电动机正转 PLC 控制线路的设计、安装和调试。

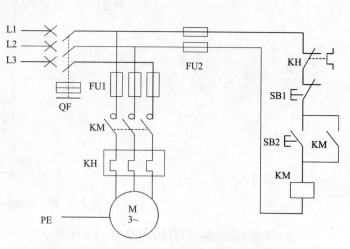

图 2-1-14　三相异步电动机连续正转控制线路

任务实施

1. 任务分析

控制要求 1：按下启动按钮 SB1，接触器 KM 线圈得电，电动机 M 启动并连续运转。

控制要求 2：按下停止按钮 SB2，接触器 KM 线圈失电，电动机 M 失电停转。

2. 设置 PLC 的 I/O 地址和变量表

I/O 地址分配如表 2-1-1 所示。

表 2-1-1　I/O 地址分配

I/O 端口	端口功能	外部连接设备	功能说明
I0.1	启动按钮	按钮 SB1	控制正转接触器 KM 线圈得电
I0.2	停止按钮	按钮 SB2	控制电动机停止运行
Q0.1	正转运行	接触器 KM	控制电动机正向运行

变量表如图 2-1-15 所示。

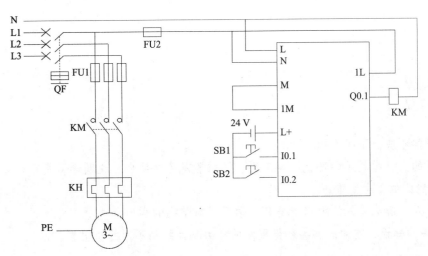

图 2-1-15　变量表

3. 硬件接线图

PLC 电路连接原理，如图 2-1-16 所示。

图 2-1-16　PLC 电路连接原理

三相异步电动机连续
正转 PLC 控制接线

PLC 外部电路连接图如图 2-1-17 所示。

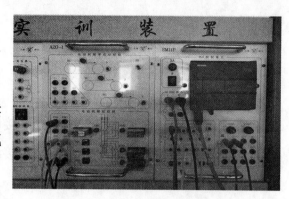

图 2-1-17　PLC 外部电路连接图

4. 编写梯形图程序

（1）建立新项目。打开西门子 V13 编程软件，创建新项目，项目名称为"三相异步电动机连续正转控制"，单击"创建"按钮，系统自动生成新的工程项目。

（2）添加 PLC 设备。单击选择"打开项目视图"，进入项目主界面。在界面左侧的"项目树"内找到"添加新设备"选项，进入"添加新设备"对话框，找到本次任务所用 PLC 的 CPU 型号 1214C，单击"确定"按钮后自动生成新的 PLC。

编写 PLC 程序（在 PLC 的 OB1 主程序中进行编写），如图 2-1-18 所示。

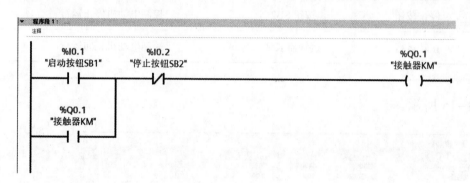

图 2-1-18　PLC 梯形图

三相异步电动机的连续
正转 PLC 控制程序运行

5. 任务验收

（1）要求学生完成工作页任务 1 中的学习任务。

（2）各组学生在指导教师的监督指导下进行互评，由组长填写本次任务实施评价验收记录单。

 每课一句小古文：

"智能之士，不学不成，不问不知。"

即便是聪明智慧的人，也是不学习就不会懂得，不求教就不会明白。说明学习是获得知识、增长智慧、获得能力的必由之路。

如果把 PLC 比作人，那么输入的内容就是 PLC 学习之前掌握的学识与能力，经过程序的洗礼，PLC 掌握了更多的知识，它才能够去获得更多的能力从而控制不同的输出量。

任务 2-2　用 PLC 改造三相异步电动机正反转控制线路

知识目标：

1．学会置位/复位指令的功能和使用方法。

2．学会边沿检测指令的功能和使用方法。

3．学会联机调试 PLC 程序的方法。

技能目标：

1．能根据控制要求分配 PLC 的输入/输出端口。

2．会根据输入/输出端口完成线路的设计和安装。

3．能选择 PLC 指令完成梯形图程序的编写，掌握上升沿/下降沿指令和置位/复位等基本位逻辑指令。

4．完成 PLC 程序的联机调试。

情感目标：

1．培养善于独立思考、交流沟通的协作能力。

2．培养学习兴趣，树立积极乐观的学习态度。

3．树立自信心，增强克服困难的意志，养成和谐和健康向上的品格。

4．使学生养成"见人善，即思齐。纵去远，以渐跻。见人恶，即内省。有则改，无加警"的良好习惯。

情景引入：

三相异步电动机正反转控制线路由主电路和辅助电路两部分组成，能够实现异步电动机的正反转控制，此外该电路还具有短路保护和过载保护的功能。本课题应用西门子 S7-1200 型 PLC 改造此三相异步电动机正反转控制线路，要求不改变原先的控制面板，保持系统原有的外部特性，即改造完成后工作人员不需要改变长期形成的操作习惯。

本任务要求电动机正反转启动按钮、停止按钮以及过载保护常闭触点与改造前一致。对于这个传统的继电器控制线路 PLC 改造采用两种不同的方式，一种是使用之前所学 PLC 梯形图中的启保停程序结构来编程，另一种是应用 PLC 的置位/复位指令进行编程。要求读者对两种编程方式进行分析比较，找出每种编程方式的优缺点。

任务资讯

知识点 1：置位和复位指令

置位和复位指令属于 S7-1200 PLC 的位逻辑指令，在博图平台中，通过"指令"→"基本指令"→"位逻辑运算"指令文件夹可以调用该指令，如图 2-2-1 所示。

图 2-2-1　基本指令

使用"置位输出"指令可将指定操作数的信号状态置位为"1"。仅当线圈输入的逻辑运算结果（RLO）为"1"时，才执行该指令。如果信号流通过线圈（RLO = "1"），则指定的操作数置位为"1"。如果线圈输入的 RLO 为"0"（没有信号流过线圈），则指定操作数的信号状态将保持不变。

使用"复位输出"指令将指定操作数的信号状态复位为"0"。仅当线圈输入的逻辑运算结果（RLO）为"1"时，才执行该指令。如果信号流通过线圈（RLO = "1"），则指定的操作数复位为"0"。如果线圈输入的 RLO 为"0"（没有信号流过线圈），则指定操作数的信号状态将保持不变。

置位输出指令与复位输出指令最主要的特点是有记忆和保持功能。置位指令和复位指令的程序符号如图 2-2-2、图 2-2-3 所示。

```
        %Q0.0                              %Q0.0
        "Tag_1"                            "Tag_1"
——————————( S )——————            ——————————( R )——————
```

图 2-2-2　对 Q0.0 置位指令　　　　　　　　　图 2-2-3　对 Q0.0 复位指令

图 2-2-4、图 2-2-5 所示为置位 / 复位指令应用举例，当 I0.0 为 1 时，Q0.0 也为 1，之后，即使 I0.0 为 0，Q0.0 仍然保持为 1。直到 I0.1 为 1 时，Q0.0 变为 0。以下将触点与线圈指令和置位 / 复位指令的功能进行对比。

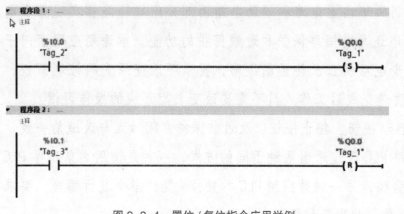

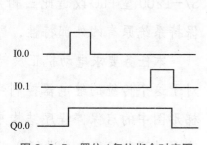

图 2-2-4　置位 / 复位指令应用举例　　　　　　　图 2-2-5　置位 / 复位指令时序图

小提示：大部分的情况下置位和复位指令每次使用时都是成对出现的，只要我们在程序一个地方使用了置位，在程序的另一个地方就会用到复位。所以，永远都是"你等着我，我等着你"。置位与复位的大体意思就是，置位是对一个位写 1（有输出），复位就是写 0（没有输出）。

知识点 2：置位位域和复位位域指令

置位位域指令：使用"置位位域"指令对从某个特定地址开始的多个位进行置位。置位位域指令符号如图 2-2-6（a）所示。

指令说明：可使用值 <操作数 1> 指定要置位的位数。要置位域的首位地址由 <操作数 2> 指定。如果值 <操作数 1> 大于所选字节的位数，则将对下一字节的位进行置位。在复位这些位（例如，通过另一条指令）之前，它们会保持置位。仅当线圈输入的逻辑运算结果（RLO）为"1"时，才执行该指令。如果线圈输入的 RLO 为"0"，则不会执行该指令。

复位位域指令：使用"复位位域"指令可对从某个特定地址开始的多个位进行复位。复位位域指令符号如图 2-2-6（b）所示。

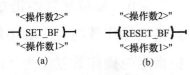

图 2-2-6　置位位域指令符号和复位位域指令符号
（a）置位位域指令符号；（b）复位位域指令符号

指令说明：可以使用 <操作数 1> 的值来指定要复位的位数。要复位的第一个位的地址由 <操作数 2> 指定。如果 <操作数 1> 的值大于所选字节的位数，将复位下一字节中的位。这些位将保持复位，除非通过其他指令进行置位。仅当线圈输入的逻辑运算结果（RLO）为"1"时，才执行该指令。如果线圈输入的 RLO 为"0"，则不会执行该指令。

置位位域指令应用举例如图 2-2-7 所示。

图 2-2-7 程序的意思就是当 M1.0 为 1 时，对 DB1. array[0] 开始的 5 位置位为 1（就是 DB1. array[0] ～ DB1. array[4]，DB1. DBX0.1 ～ DB1. DBX0.4），同时，对 Q0.0 开始的 5 位置位为 1（就是 Q0.0 ～ Q0.4）。

当 M1.1 为 1 时，对 DB1.array[0] 开始的 5 位复位为 0（就是 DB1.array[0] ～ DB1.array[4]，DB1. DBX0.1 ～ DB1. DBX0.4），同时，对 Q0.0 开始的 5 位复位为 0（就是 Q0.0 ～ Q0.4）。PLC 仿

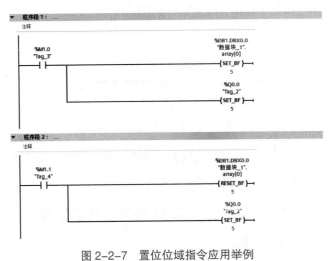

图 2-2-7　置位位域指令应用举例

真如图 2-2-8 所示。

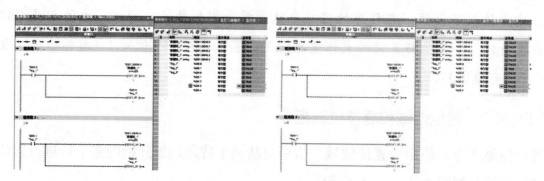

图 2-2-8　PLC 仿真

知识点 3：置位 / 复位触发器与复位 / 置位触发器

置位 / 复位触发器指令如图 2-2-9 所示。根据输入 S 和 R1 的信号状态，置位或复位指定操作数的位。如果输入 S 的信号状态为"1"且输入 R1 的信号状态为"0"，则将指定的操作数置位为"1"。如果输入 S 的信号状态为"0"且输入 R1 的信号状态为"1"，则指定的操作数将复位为"0"。

输入 R1 的优先级高于输入 S。当输入 S 和 R1 的信号状态都为"1"时，指定操作数的信号状态将复位为"0"。

如果两个输入 S 和 R1 的信号状态都为"0"，则不会执行该指令，因此操作数的信号状态保持不变。

操作数的当前信号状态被传送到输出 Q，并可在此进行查询。

复位 / 置位触发器指令如图 2-2-10 所示。根据 R 和 S1 输入端的信号状态，复位或置位指定操作数的位。如果输入 R 的信号状态为"1"且输入 S1 的信号状态为"0"，则指定的操作数将复位为"0"。如果输入 R 的信号状态为"0"且输入 S1 的信号状态为"1"，则将指定的操作数置位为"1"。

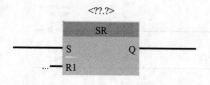

图 2-2-9　置位 / 复位触发器指令

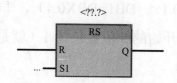

图 2-2-10　复位 / 置位触发器指令

输入 S1 的优先级高于输入 R。当输入 R 和 S1 的信号状态均为"1"时，将指定操作数的信号状态置位为"1"。

如果两个输入 R 和 S1 的信号状态都为"0"，则不会执行该指令。因此操作数的信号状态保持不变。

知识点 4：边沿检测指令

边沿检测指令有负跳沿检测（下降沿检测）指令和正跳沿检测（上升沿检测）指令，如图 2-2-11、图 2-2-12 所示。

图 2-2-11　下降沿检测指令　　　　图 2-2-12　上升沿检测指令

下降沿检测指令能够检测信号从 1 变为 0 时的下降沿，并保持 RLO=1 一个扫描周期。每个扫描周期内，都会将 RLO 位的信号状态与上一个周期获取的状态比较，以判断是否改变。

下降沿示例的梯形图如图 2-2-13 所示，由图中所示的程序段可知：当按键 I0.0 被按下后弹起时，产生一个下降沿，输出 Q0.0 得电一个扫描周期，这时时间是很短的，因此如果 Q0.0 控制的是一个灯，人眼无法分辨出灯已经亮了一个扫描周期。

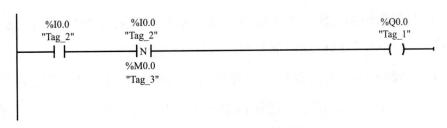

图 2-2-13　下降沿示例的梯形图

上升沿检测指令能够检测信号从 0 变为 1 时的状态，并保持 RLO=1 一个扫描周期。每个扫描周期内，都会将 RLO 位的信号状态与上一个周期获取的状态比较，以判断是否改变。

上升沿示例的梯形图如图 2-2-14 所示，当按键 I0.0 按下时，产生了一个上升沿，输出 Q0.0 得电一个扫描周期，无论按钮闭合多长时间，输出 Q0.0 只得电一个扫描周期。

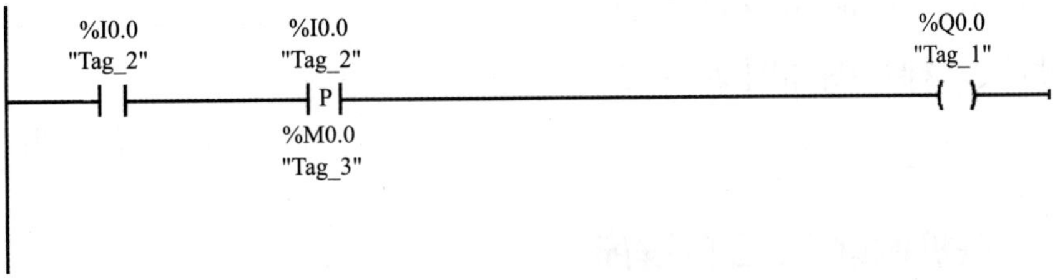

图 2-2-14　上升沿示例的梯形图

小提示：PLC 中 RLO 什么意思？

在西门子 S7 系列 PLC 中，RLO = "逻辑运算结果"，在二进制逻辑运算中用作暂时存储位。RLO 即 Result of Logic Operation，状态字的第一位称为逻辑运算结果，该位用来存储执行位逻辑指令或比较指令的结果，RLO 的状态为 "1" 表示有能流流到梯形图中的运算点处，为 "0" 则表示无能流流到该点处。

知识点 5：辅助继电器 M

辅助继电器相当于继电 – 接触器控制系统中的中间继电器，辅助继电器线圈与输出继电器线圈一样，由 PLC 内部各软元件的触点驱动，用文字符号 "M" 表示。辅助继电器有无数对常开和常闭触点供用户编程使用，使用次数不受限制。由于辅助继电器是用软元件实现的，故它们不能接收外部输入信号，只能在 PLC 内部程序（梯形图）中使用，不能对外驱动外部负载，在 PLC 梯形图中起到逻辑变换和逻辑记忆的作用。

辅助继电器分为通用辅助继电器、断电保持辅助继电器和特殊辅助继电器。

（1）通用辅助继电器：这些辅助继电器只能在 PLC 内部起辅助作用，在使用时，它除了不能驱动外部负载外，其他功能与输出继电器非常类似。

（2）断电保持辅助继电器：某些控制系统要求记忆电源中断电瞬时的状态，重新通电后再现其状态，断电保持辅助继电器就可以应用于这种场合。

（3）特殊辅助继电器：分为两种，一种只用它的触点，另一种只用它的线圈。

小任务：设计一个程序，用一个按钮控制一个发光二极管的亮和灭，实现按下按键奇数次时灯亮，按下按键偶数次时灯灭。

任务分析：当 I0.0 第一次合上时，M0.0 接通一个扫描周期，使得 Q0.0 线圈得电一个扫描周期，当按下一次扫描周期到达，Q0.0 常开触点闭合自锁，灯亮。

当 I0.0 第二次合上时，M0.0 线圈得电一个扫描周期，使得 M0.0 常闭触点断开，使得灯灭。梯形图如图 2-2-15 所示。

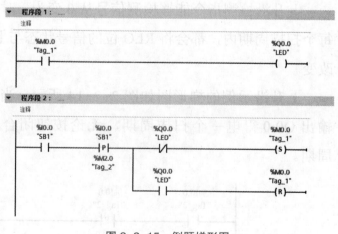

图 2-2-15 例题梯形图

知识点 6：联机调试 PLC 的程序

常用的联机调试 PLC 程序的方法有以下两种：

1. 使用在线调试功能监视程序执行状态

可以在 LAD 编辑器中监视各变量的状态，使用编辑器栏显示 LAD 编辑器。使用编辑器栏，可以在打开的编辑器之间切换视图，而无须打开或关闭编辑器。在 LAD 编辑器的工具栏中，单击“接通 / 断开监视”（Monitoring On/Off）按钮，以显示用户程序的状态。

LAD 编辑器以绿色显示信号流。

如图 2-2-16 所示，当仿真器上的所有开关都断开时，请注意输入“On”不是绿色，这是因为它也是断开的（或为“假”）。另外请注意，也没有流向“Off”触点的信号流。然而，常闭触点“Off”本身却为绿色。“Off”为绿色表示其本身并不是产生信号流，而是表示如果有信号流入“Off”触点，那么信号流将通过“Run”线圈。

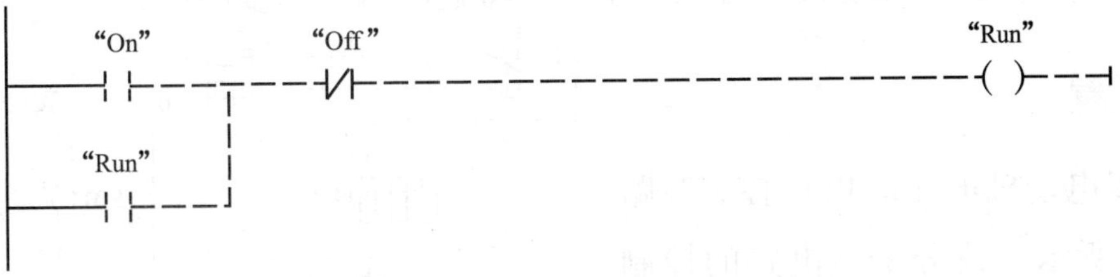

图 2-2-16　所有开关都断开时的仿真

如图 2-2-17 所示，使用仿真器，接通 I0.0 的开关，并监视整个程序段中的信号流。现在，断开 I0.0 并查看锁存电路的工作方式，断开开关 I0.1，便可去除“Run”线圈（Q0.0）中的信号流。

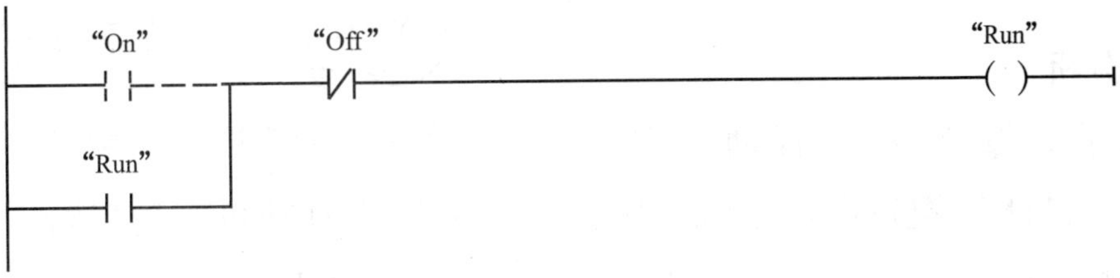

图 2-2-17　接通并断开“On”开关的仿真

2. 使用监视表格进行监视

在 CPU 执行用户程序时，用户可以通过监视表格监视或修改变量值。使用“修改”（Modify）功能可以更改变量的值。但是“修改”（Modify）功能对输入（I）或输出（Q）不起作用，这是因为 CPU 会更新 I/O，并在读取已修改的值之前覆盖所有的已修改值。

而监视表格提供了可用于修改 I/O 值的“强制值”（Force）功能，如图 2-2-18 所示。

	i	名称	地址	显示格式	监视值	强制值	F	注释
1		"Tag 2":P	%I0.0:P	布尔型				
2		"Tag_3"	%M0.0	布尔型				
3			<添加>					

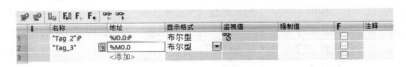

图 2-2-18　监视表格

在下面的练习中，我们将学习在接通锁存电路中如何强制输入。

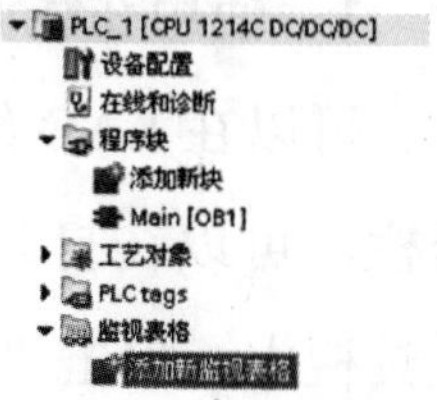

图 2-2-19 创建监视表格

（1）创建监视表格监视寄存器状态。展开“监视表格”（Watch Tables）文件夹。双击“添加新监视表格”（Add New Watch Table）选项，打开一个新的监视表格，如图 2-2-19 所示。

（2）转到在线状态。创建监视表格后，单击按钮转到在线状态，连接到 CPU 后，STEP 7 Basic 将工作区的标题变为橙色。项目树显示离线项目和在线 CPU 的比较结果。绿色圆点表示 CPU 与项目同步，即二者都具有相同的组态和用户程序，监视表格中将显示各变量。

要监视用户程序的执行并显示变量的值，请单击工具栏中的“全部监视”（Monitor All）按钮。“监视值”（Monitor Value）字段中将显示每个变量的值。

任务布置

三相异步电动机正反转 PLC 控制线路如图 2-2-20 所示，请分析该电路的控制功能，实现 PLC 控制三相电动机正反转控制的改造。要求绘制实际 PLC 接线图，设定 I/O 分配表，编写并调试程序。

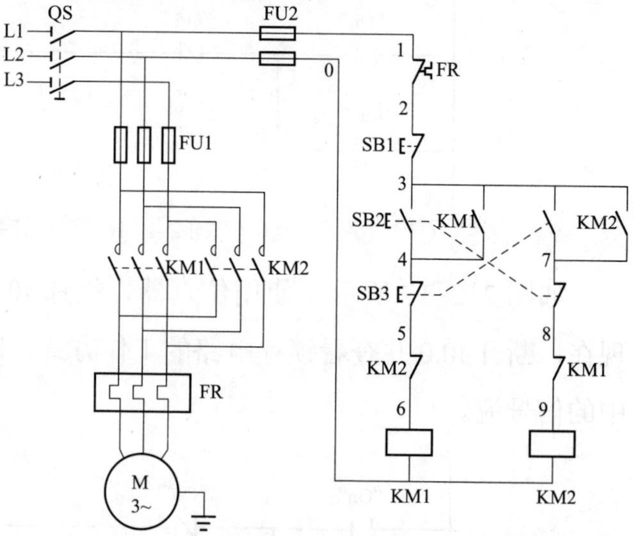

图 2-2-20 三相异步电动机正反转 PLC 控制线路

任务实施

1. 任务分析

功能要求：按下正转启动按钮 SB2，接触器 KM1 线圈得电，主触头吸合，三相异步电动机正转运行。按下停止按钮 SB1，接触器 KM1 线圈失电，主触头断开，电动机停止运行；再按下反转启动按钮 SB3，接触器 KM2 线圈得电，主触头吸合，电动机反转运行。按下停止按钮 SB1，接触器 KM2 线圈失电，主触头断开，电动机停止运行。

2. I/O 地址分配表

该系统共有 4 个输入和 2 个输出，I/O 地址分配如表 2-2-1 所示。

表 2-2-1 I/O 地址分配

输入部分				输出部分			
器件名称	符号	作用	输入地址	器件名称	符号	作用	输出地址
停止按钮	SB1	停止运行	I0.0	接触器	KM1	正转接触器线圈	Q0.0
正转启动按钮	SB2	正转运行	I0.1	接触器	KM2	反转接触器线圈	Q0.1
反转启动按钮	SB3	反转运行	I0.2				
点动按钮	FR	热继电器常闭触点	I0.3				

按照 I/O 分配表设置 PLC 变量，在 Portal V13 软件中设置 PLC 变量表，如图 2-2-21 所示。

图 2-2-21　PLC 变量表

3. 硬件接线图

根据接线图分析，系统的输入信号由两部分构成：一是三相异步电动机停止、正反向启动的控制信号，分别由按钮 SB1、SB2 和 SB3 提供；二是三相异步电动机的过载检测信号，由热继电器 FR 的常闭触点提供。

系统需提供两个输出信号，分别用于驱动接触器 KM1 和 KM2，使三相异步电动机实现正反转运行。PLC 的 I/O 端口分配如表 2-2-1 所示。

小提示： 为延长 PLC 输入点的使用寿命，其输入信号一般采用常开的方式接入，但为更可靠接收保护类信号，其输入信号一般采用常闭的方式接入。

与图 2-2-22 中一致，凡是由 PLC 实现的正反转控制线路，KM1 和 KM2 必须实行电气联锁，否则在电动机正反转切换的过程中会导致主回路短路。

由于西门子 S7-1214 型（继电器输出型）的输出点承受电压最大为 AC 240 V 或 DC 30 V，故图 2-2-22 中使用的接触器线圈额定电压选为 AC 220 V。

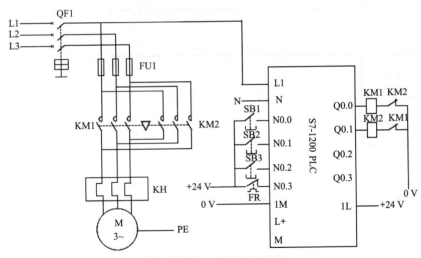

图 2-2-22　硬件接线图

4. 编写梯形图程序

1）使用启保停结构的经验设计法

经验法主要是基于程序功能要求，按照功能先后顺序逐步编写的，它在简单程序的设计上非常奏效，它具有快速性、简单性等优点。程序示例如图 2-2-23 所示。

2）使用置位复位指令

置位复位指令具有锁存功能，在指令执行时按照从上至下的顺序依次执行，因此线圈指令的地址可以重复。合理使用置位复位指令可使程序更简化。因为电动机正反转控制线路的控制电路部分实际上是由两个完全相同的单向连续运转控制电路合并而成的，所以可以先采用置位和复位指令编写出两个单向连续运转控制程序，如图 2-2-24 所示。

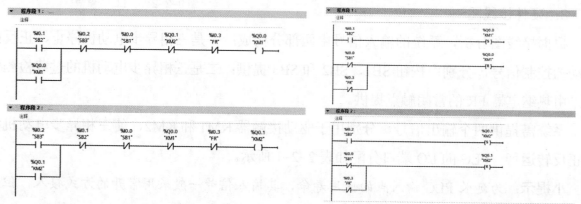

图 2-2-23　启保停结构的经验设计法　　图 2-2-24　用置位复位指令编写两个单向连续运转控制程序

　　然后在图 2-2-24 的基础上增加按钮互锁环节，得到如图 2-2-25 所示具有按钮互锁环节的电动机正反转控制程序。

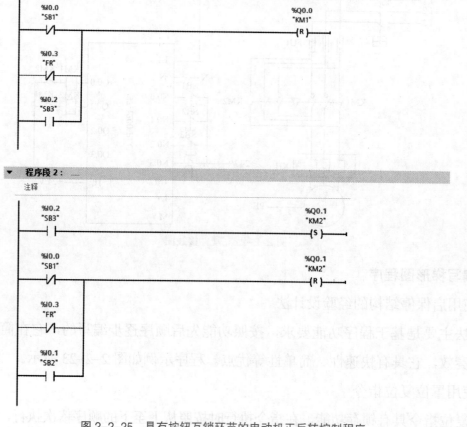

图 2-2-25　具有按钮互锁环节的电动机正反转控制程序

最后在图 2-2-25 程序的基础上增加接触器互锁环节，得到如图 2-2-26 所示具有双重互锁环节的电动机正反转控制程序。

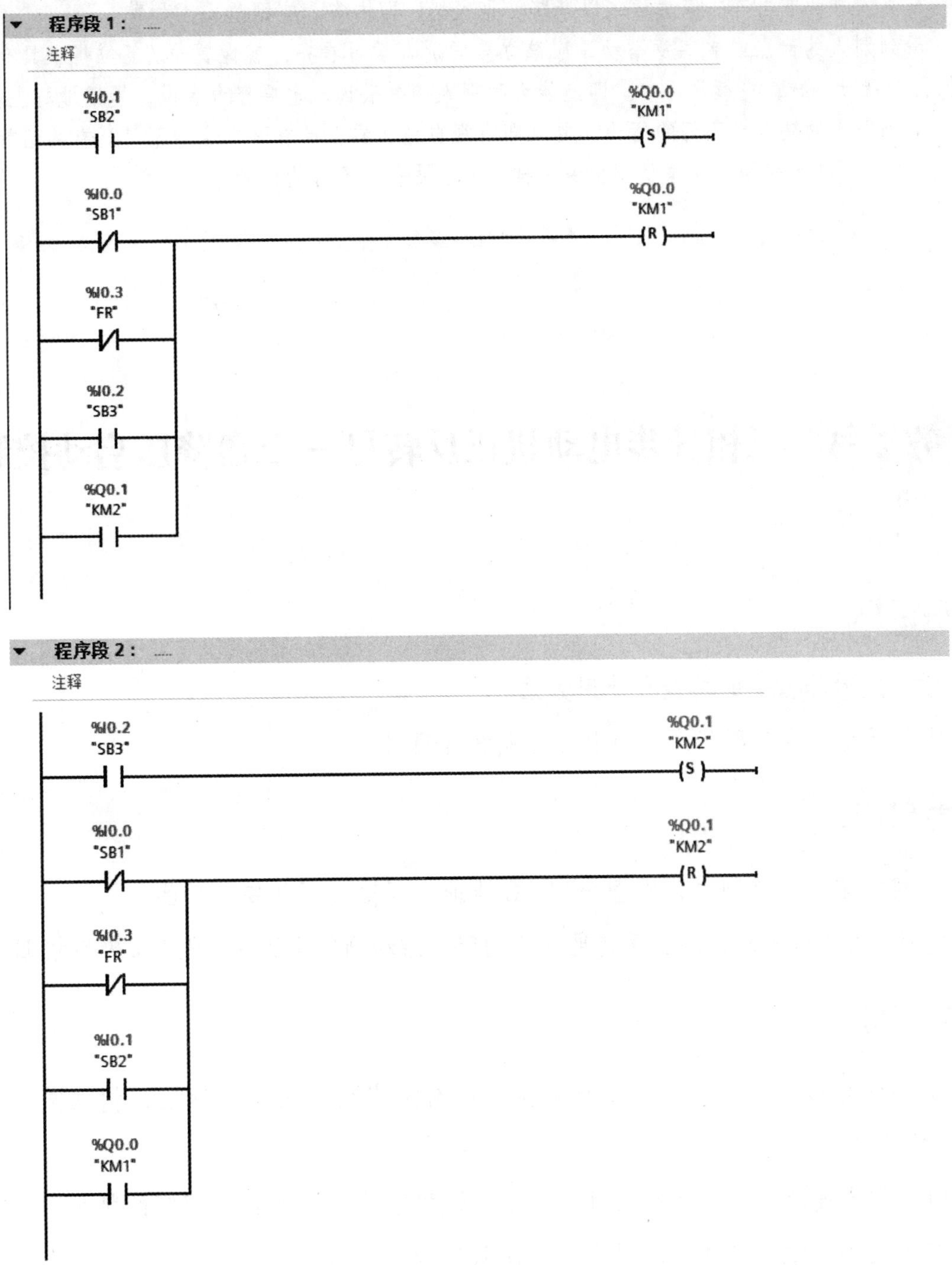

图 2-2-26 双重互锁环节的电动机正反转控制程序

通过对上述两种设计方案进行比较不难看出，采用标准触点指令表现出程序精短、思路清晰的特点，而采用置位 / 复位指令设计的程序能够避免重复线圈的出现。

5. 任务验收

各组学生在教师监督指导下进行互评，并由组长填写验收记录单。

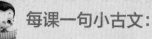

每课一句小古文：

"见人善，即思齐。纵去远，以渐跻。见人恶，即内省。有则改，无加警。"

　　看到别人的优点或者善意举动，应该立即向别人学习看齐，就像置位/复位指令具有记忆保持的特点一样，持续学习之。即使能力和别人相差很远，也要努力去做，慢慢地赶上。

　　看到别人的缺点或不好的行为，要立即审视自己，看自己有没有这些不足，有的话就改掉，没有也要提高警惕。就像复位指令一样，对于缺点和不好的行为一键清零。

任务 2-3　三相异步电动机正反转星-三角降压启动控制

知识目标：

1. 学会定时器指令的功能和使用方法。
2. 能灵活运用定时器指令进行 PLC 控制程序设计。

能力目标：

1. 能根据定时器控制电路原理分配 I/O 地址，画接线图并安装接线。
2. 能对三相异步电动机的正反转星-三角降压启动 PLC 控制编写程序以及联机调试。

情感目标：

1. 引导学生搜集学校、社会和企业生产中有关安全、文化的标语，树立文明安全的操作规范意识。
2. 组织学生搜集 PLC 改造的项目，在学习过程中培养学生自主探究的精神。
3. 在小组协作学习过程中，提高学生团队协作精神。
4. 使学生认识到"合抱之木，生于毫末；九层之台，起于累土；千里之行，始于足下"的人生道理。

情景引入：

在三相异步电动机的控制电路中，有时需要对电动机的控制过程引入时间变化，并实现对电动机控制过程的自动运行，如图 2-3-1 所示。

例如，在电动机降压启动控制过程中，通常电动机的启动阶段需要将电动机的定子绕组采用星形连接方式，用来降低电动机的启动电压和启动电流。当电动机启动稳定一段时间后，再把电动机的

图 2-3-1　对电动机的控制过程引入时间变化

定子绕组接成三角形方式，让电动机在全压状态下正常运行。

在电动机降压启动和全压运行的转换过程中，主要采用的是手动切换和自动切换两种方法。通常，采用的是利用时间继电器 KT 完成的电动机自动切换方法。但是增加一个时间继电器 KT，往往会造成电动机控制线路更加复杂，且控制电路想要再次进行二次设计和更改的成本等问题比较突出。此时，若电动机的控制电路采用 PLC 控制，则可以较好地解决上述问题。

任务资讯

知识点 1：PLC 的定时器指令

1. 功能

定时器指令是 PLC 基本指令中比较常用的一种，使用功能与时间继电器相似，在控制线路中可以起到延时接通或断开某个带电回路的作用。

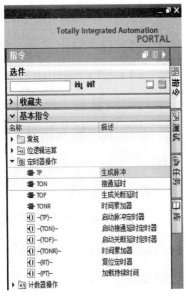

定时器指令主要是 PLC 的一种内部功能运行指令，不会占用 PLC 实际的输入和输出地址。

2. 分类

通常，西门子 PLC 的定时器指令主要包括脉冲定时器指令 TP、接通延时定时器指令 TON、关断延时定时器指令 TOF、时间累加器指令 TONR 等几种常用定时器指令类型，如图 2-3-2 所示。

图 2-3-2　PLC 定时器指令

知识点 2：脉冲定时器指令 TP、接通延时定时器指令 TON、关断延时定时器指令 TOF、时间累加器指令 TONR

1. 指令结构

各定时器指令主要包括输入部分"IN、PT"，输出部分"Q、ET"，以及指令名称等几部分。其中，时间累加器指令 TONR 多一个"R"输入端。4 种定时器指令结构如图 2-3-3 所示。

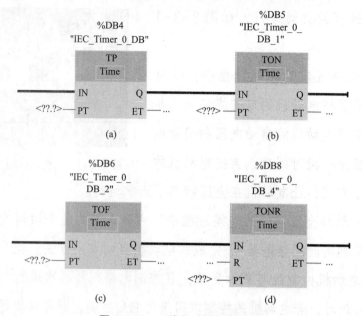

图 2-3-3　4 种定时器指令结构
（a）脉冲定时器指令 TP；（b）接通延时定时器指令 TON；（c）关断延时定时器指令 TOF；（d）时间累加器指令 TONR

（1）IN：输入信号，数据类型为 Bool。定时器指令启动使能端，在 IN 端输入状态由 0 变为 1 时，启动定时器指令。

（2）PT：输入信号，数据类型为常数、地址等。定时器指令的参考定时数据。

（3）Q：输出信号，数据类型为 Bool。定时器指令的使能信号输出端。

（4）ET：输出信号，数据类型为常数、地址。定时器指令运行时，输出定时器的当前运行时间量。

（5）R：输入信号，数据类型为 Bool。定时器指令运行时，可将定时器的定时时间复位。

2. 指令功能

（1）脉冲定时器指令 TP。该指令又称生成脉冲指令，该指令在输入端 "IN" 上采集到启动信号后，会在输出端 "Q" 上产生一个周期性的脉冲量信号。其中，脉冲量信号的时间是由 "PT" 端采集到的数据大小所决定的。

（2）接通延时定时器指令 TON。该指令在输入端 "IN" 上采集到启动信号后定时器指令开始运行，并经过 PT 设定的延时时间后，在输出端 "Q" 上产生一个输出信号。

（3）关断延时定时器指令 TOF。该指令在输入端 "IN" 上采集到启动信号后定时器指令并不运行，当 "IN" 端上采集到关断信号后定时器指令才开始延时运行，PT 延时时间到达后在输出端 "Q" 上产生一个输出信号。

（4）时间累加器指令 TONR。该指令在输入端 "IN" 上采集到启动信号后定时器指令开始运行，此时，若定时器运行时间未达到"PT"延时时间，且输入端的启动信号突然消失，则指令已经运行的延时时间将被保存。当输入端的启动信号恢复后，该指令将在已经完成的延时时间基础上继续进行延时运行，最终达到 PT 延时时间后在输出端"Q"上产生一个输出信号。

3. 指令应用

本节知识主要是以接通延时定时器指令 TON 为例，其他定时器指令调用方法和应用相同。

1）指令调用

在系统右侧的"基本指令"→"定时器操作"文件夹下，选择接通延时定时器指令 TON 后，系统自动生成一个指令"调用选项"确认窗口，如图 2-3-4 所示。

单击"确定"按钮后，系统会在主程序中自动产生一个定时器指令，如图 2-3-5 所示。

图 2-3-4　"调用选项"确认窗口

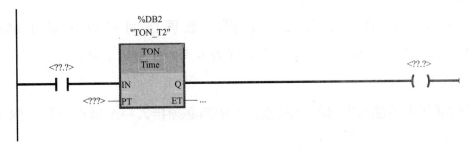

图 2-3-5　在主程序中自动产生一个定时器指令

在右侧的"项目树"里自动生成一个 DB 数据块，如图 2-3-6 所示。

2）举例说明

利用 TON 指令，实现对 PLC 输出 Q0.0 的延时输出效果。

小任务：

按下启动按钮 I0.0 后，定时器指令 TON 开始接通并延时。当达到延时时间 0.5 s 后，Q0.0 开始输出信号。

若松开按钮 I0.0，定时器指令复位，Q0.0 立即停止输出。

任务分析：TON 指令应用说明

在 IN 端接入指令启动控制信号。在本例中，指令 IN

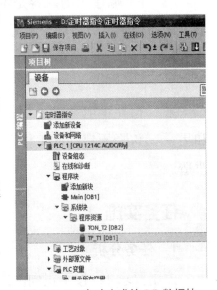

图 2-3-6　自动生成的 DB 数据块

端接入的是 PLC 的输入信号启动按钮 I0.0，作为本指令的启动信号。

在 PT 端写入指令延时时间。在本例中，指令 PT 端写入的延时时间为 0.5 s，格式为 "T#500MS"。

在 Q 端接被控输出量。在本例中，指令 Q 端接入的是 PLC 输出端的输出继电器 Q0.0，作为本指令的输出导通控制信号。

在 ET 端接存储区变量。在本例中，指令 ET 端接入的是 PLC 内部寄存器 MD0，作为本指令的运行时间存储区。

故此任务的梯形图如图 2-3-7 所示。

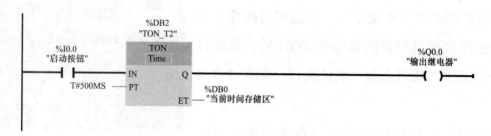

图 2-3-7　小任务梯形图

4. 注意事项

（1）PT 端接入的时间量为 32 位数据，数据区间可以从最小 0MS 到最大 T#24D_20H_31M_23S_647MS 中选定，其中 D 表示天，H 表示小时，M 表示分钟，S 表示秒，MS 表示毫秒。

（2）定时器指令不能与左母线之间相连，中间必须接入一个触点信号。例如，在本案例中，指令前接入的触点信号为 I0.0。

（3）ET 端输出的内容是定时器指令运行时的实际时间变化量，数据类型内容为双字型。该指令端可以不用，不影响指令的正常运行。

任务布置

某三相异步电动机采用传统的继电控制线路运行，且电动机的控制线路具有正反转和星－三角降压启动的工作运行模式。现因工作需要，利用 PLC 对其控制线路进行升级改造。

任务实施

1. 任务分析

控制要求 1：按下正向（或反向）启动按钮后，电动机在星形状态下降压启动运行，当启动延时 3 s 后，电动机自动切换到三角形全压运行状态。

控制要求 2：按下停止按钮后，电动机失电并停止运行。

2．设置 PLC 的 I/O 地址和变量表

I/O 分配分配如表 2-3-1 所示。

表 2-3-1　I/O 分配分配

I/O 端口	端口功能	外部连接设备	功能说明
I0.0	停止按钮	按钮 SB0	控制电动机停止运行
I0.1	正转启动按钮	按钮 SB1	控制正转接触器 KM1 线圈得电
I0.2	反转启动按钮	按钮 SB2	控制反转接触器 KM2 线圈得电
Q0.1	正转运行	接触器 KM1	控制电动机正向运行
Q0.2	反转运行	接触器 KM2	控制电动机反向运行
Q0.3	星形状态	接触器 KMY	控制电动机在星形状态降压运行
Q0.4	三角形状态	接触器 KM△	控制电动机在三角形状态全压运行

PLC 变量表如图 2-3-8 所示。

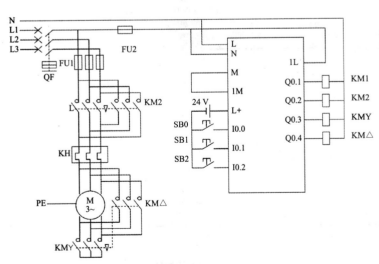

图 2-3-8　PLC 变量表

3．PLC 电路连接

PLC 电路连接原理图如图 2-3-9 所示。PLC 外部电路连接如图 2-3-10 所示。

三相异步电动机正反转星角
降压启动控制线路连接

图 2-3-9　PLC 电路连接原理图　　　　图 2-3-10　PLC 外部电路连接

4．程序编写梯形图程序

（1）建立新项目。打开西门子 V13 编程软件，创建新项目，项目名称为"三相异步电

动机正反转星－三角降压启动控制",单击"创建"按钮,系统自动生成新的工程项目。

(2)添加 PLC 设备。单击选择"打开项目视图"选项,进入项目主界面。在界面左侧的"项目树"内找到"添加新设备"选项,进入"添加新设备"对话框,找到本次任务所用 PLC 的 CPU 型号 1214C,单击"确定"按钮后自动生成新的 PLC。

编写 PLC 程序(在 PLC 的 OB1 主程序中进行编写),如图 2-3-11 所示。

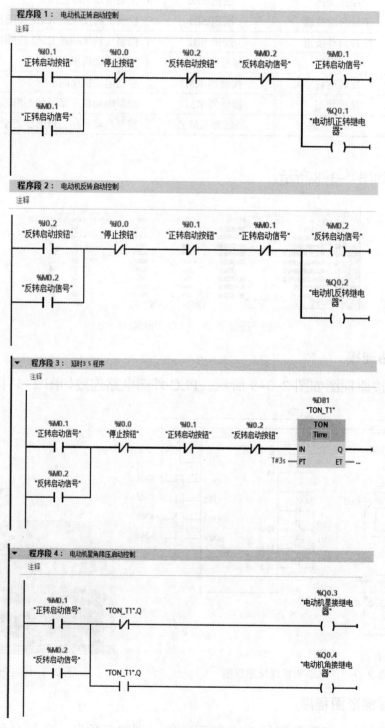

图 2-3-11　PLC 程序

5. 任务验收

（1）要求学生完成工作页任务 3 中的学习任务。

（2）各组学生在指导教师的监督指导下进行互评，由组长填写本次任务实施评价验收记录单。

三相异步电动机正反转星角降压启动控制程序运行

 每课一句小古文：

"合抱之木，生于毫末；九层之台，起于累土；千里之行，始于足下。"

合抱的大树，生长于细小的幼苗；九层的高台，筑起于每一堆泥土；千里的远行，是从脚下第一步开始走出来的。

这句话告诉我们想达到某一目标，需要一点一滴的积累与努力，就像时间累加器一样，只有时间积累达到预设值，才能够驱动时间累加器输出，实现设定的目标。

项目三
顺序控制设计法

任务 3-1 顺序控制概述

知识目标:

1. 顺序控制设计法的概念。

2. 知道顺序控制的几个概念，并会划分工作步。

3. 会找出每步的转换条件及转换方向，并能画出顺序控制功能图。

能力目标:

1. 能够根据任务要求制订任务计划并能合理高效地实施任务。

2. 能够借助网络媒体查阅资料，理解新知识，独立解决任务中的问题。

情感目标:

1. 培养善于独立思考、交流沟通的协作能力。

2. 培养学习兴趣，树立积极乐观的学习态度。

3. 树立自信心，增强克服困难的意志，养成和谐和健康向上的品格。

4. 引导学生执行 6S 管理模式。

5. "吾尝终日而思矣，不如须臾之所学也；吾尝跂而望矣，不如登高之博见也……君子生非异也，善假于物也"顺序控制可以通过结构简化设计。

情景引入:

在前面项目中各梯形图的设计方法叫经验设计法，通过前面的设计可以看到，经验设计法没有固定的设计思路，需要不断去画草图尝试，并且有的功能很难实现，具有一定的试探性、随意性。另外用经验设计法设计，一旦程序出现问题很难查出问题所在，再有更改时会涉及各个方面，所以对于较复杂的控制设计，用这种完全依靠平时经验积累的设计方法，很难入门、阅读和修改，设计过程存在着一定的难度。本节课通过 PLC 实现对传送带的自动控制，知道什么是顺序控制的设计方法，并会画顺序功能图。

任务资讯

知识点 1: 顺序控制法的概念

针对较复杂的工序能按步骤一步一步完成执行控制任务，并按周期性变化的循环控制程序的设计，对于这类的复杂控制系统的设计可采用另外一种设计法：顺序控制法。

顺序控制就是按照生产工艺预先规定的顺序，在各个输入信号和内部软元件的作用下，根据输出量的状态变化和时间的顺序，在生产过程中各个执行机构自动地有顺序地循环进行操作的控制。利用顺序控制法设计图需要首先画出顺序功能图，它是一种编程语言。

顺序功能图（Sequential Function Chart，SFC）是描述控制系统的控制过程、功能和特性的一种图形语言，也是设计 PLC 的顺序控制程序的依据。有的 PLC 为用户提供了顺序功能语言，例如 S7-300/400 和 S7-1500 中的 S7 Graph 语言，在编程软件中生成顺序功能图后便完成了编程工作。

小提示：顺序控制设计法的条件：①该控制系统可分解成几个独立的控制动作；②这些动作必须按一定的先后次序执行；③循环操作的系统。

当前许多 PLC（包括 S7-1200）没有配备顺序功能图语言，但可用顺序功能图来描述系统的控制功能，根据它来写梯形图。

知识点 2: 顺序控制功能图的几个基本概念

每一个顺序功能图都是由步、有向线段、转换条件和动作（或命令）组成的。

1. 步的基本概念

顺序控制设计法最基本的思想是根据输出量的变化将系统的一个工作周期划分为若干个顺序相连的阶段，这些阶段称为步（Step），并用编程元件（如辅助继电器 M）来代替各步的编号，如 M0.0、M0.1、M0.2 等，即实际工作中所说的工序。

步的划分：步是根据输出量的状态变化来划分的。举一例加以说明，如运料小车自动往返顺序控制系统示意图，如图 3-1-1 所示。

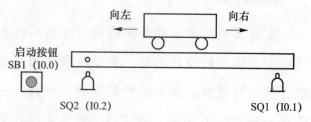

图 3-1-1 运料小车自动往返顺序控制系统示意图

运料小车在原始位置压合着行程开关 SQ2（I0.2），当按下按钮 SB1（I0.0）时电磁阀 YV1（Q0.0）打开，为小车装料同时定时 5 s，当时间到时关闭电磁阀 YV1，控制小车运动的电动机开始正转 KM1（Q0.2）向右移动，当小车压合行程开关 SQ1（I0.1）时，小车停止，打开电磁阀 YV2（Q0.2）开始卸货，同时定时 5 s，时间到关闭电磁阀 YV2（Q0.1），控制小车运动的电动机开始反转 KM2（Q0.3）向左移动，当小车压合行程开关 SQ2（I0.2）时返回原始位置，小车停止。

为更清晰地表明输出量的变化，根据控制系统的要求画出时序图，如图 3-1-2 所示。

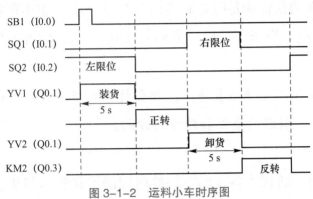

图 3-1-2　运料小车时序图

在这一过程中根据输出状态的不同，划分了 4 步，分别为：小车装货→小车正转右移→小车卸货→小车反转左移。

2. 步的分类

步分为初始步、不活动步和活动步。

1）初始步

与系统的初始状态相对应的步称为初始步。初始步一般是系统等待启动命令的相对静止的状态，即该步的输出都处于 OFF 状态，如上例中小车开始在原始点压合着行程开关 SQ2 为它的初始步。初始步在顺序功能图中放在最上面，且用双线框来表示（其他步用单线框表示），每个顺序功能图中至少要有一个初始步。初始步可用辅助继电器 M0.0、M1.0、M2.0、M3.0、M4.0 等表示，但一定要注意不能用系统存储器字节来表示。

提示：在 S7-1200 对 CPU 组态时，如果设置默认的 MB1 为系统存储器字节地址，则必须使用开机后仅在 PLC 进入 RUN 模式时接通一个扫描周期的 M1.0 位存储器的常开触点作为转换条件，将初始步预置为活动步，其他各步的编程元件都处于"0"状态为不活动步，这样就为系统工作做好了准备，否则顺序控制系统中没有活动步，就无法向下运行。也可不用默认的辅助继电器 MB1 为系统存储器字节地址，可以自定义其他辅助继电器字节为系统存储器字节地址，如 MB2、MB3 等。

当 MB1 不是系统存储器字节地址时，可以用 M1.0 表示初始步。

2）不活动步

当系统程序不是正处在该步时，该步就为不活动步。如在上例中，当小车左移时，小车右移、装料和卸料就是不活动步。在不活动步时，该步的非存储型动作就不会执行。同时，向下的转换条件满足了，下一步也不会被激活，即不会转换到下一步。如：小车左移时即使按下启动按钮 SB1，卸料仓的电磁阀也不会打开。

3）活动步

当系统程序正运行到某一步所在阶段时，该步即活动步。当该步为活动步时，执行相应的动作；当向下转换的条件满足时，就会转换到下一步。如小车右移时，该步就为活动步，正转线圈 KM1 得电，当压合行程开关 SQ1（I0.1）时，它就会转换到下一步：停止移动并开始卸料。

提示：每个活动步在满足转移条件时，都会转移到下一步，并结束上一步，因此必须清楚各步要完成的任务、转移的条件和转移的方向。

3. 有向线段

在画顺序功能图时，将代表各步的方框按时间的推移和内部状态的改变，按进展的顺序排列起来，在框与框之间用有向线段将它们连接起来，进展的方向用有向线段的箭头来表示。（如果是垂直线，箭头可以省略）

4. 转换

从一个步到另外一步之间存在着步的转换，即用转换将相邻两个步隔离开，用在有向线段上与之垂直的短线来表示。步的活动状态的改变是由转换的实现来完成的。

5. 转换条件

转换条件是发生转换时的条件，它标注在转换短线的旁边。转换条件可以是外部的输入信号，如按钮、行程开关、传感器等的接通或断开；也可以是 PLC 内部产生的信号，如辅助继电器、定时器、计数器等触点的接通或断开。转换条件可以用文字语言、布尔代数表达式、图形符号或逻辑符号来表示，使用最多的是布尔代数表达式。如图 3-1-3 所示，M0.5 为活动步时，只有当时满足输入信号 I0.5 常开触点和输入信号 I0.1 常闭触点同时闭合时才能转换到下一步。

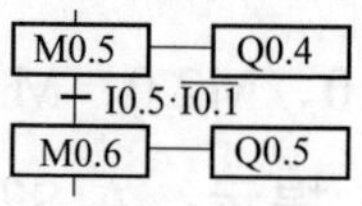

图 3-1-3 转换条件示意图

提示：转换的实现必须同时满足两个条件：一是该转换的所有前一步都必须是活动步；二是相应的所有转换条件都必须得到满足。

转换实现的结果有两个：一是使所有转换有向线段所指的后续步都成为"活动步"；二是使所有转换有向线段相连的前级步都成为"不活动步"。

条件可以是一个信号，也可以是多个信号的逻辑组合。

6. 动作（或称为命令）

在实际工作中，将"命令"和"动作"统称为动作，并把动作用文字或符号写在矩形框内，放在该步的右侧且用直线连接起来。如果是多个动作，则把矩形框分成多个矩形框水平排列或竖直排列，把表示动作的文字和符号写在其中，如图 3-1-4 所示。排列的顺序并不代表这些动作有先后顺序，而是同时执行的。

图 3-1-4　顺序功能图中动作的示意图

知识点 3：顺序功能图的画法

1．画顺序功能图的步骤

（1）画顺序功能图前，应根据控制系统的需要分配 PLC 的输入和输出点。

（2）为了清晰地分析控制过程，要求画出时序图。

（3）一个完整的状态流程图必须有初始状态，即首先确定它的初始状态。然后将复杂的控制任务或工作过程根据输出状态的变化分成若干个步（即工序），分解后的每步都应分配一个或多个工作任务，即本步做什么。各步的任务明确而具体，每个状态都有驱动负载的能力，能使输出执行元件动作。

（4）画顺序功能图。根据控制顺序把代表每一步的地址用编程元件（M）写在方框内，它所执行的动作写在该步的右面，并用一条水平直线连接。下一步写在下面，并用箭头连接，表示转移的方向，在竖线上画一横线把转换条件写在横线的旁边。若满足转移条件，则上步判断，开始下一步的运行，以此类推。最后一步，当满足转换条件时恢复到原始状态，从该步用直线连接到初始步，一个完整的顺序功能图即完成。运料小车自动往返顺序控制的顺序功能图如图 3-1-5 所示。

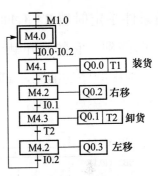

图 3-1-5　运料小车自动往返顺序控制的顺序功能图

2．画顺序功能图时的注意事项

（1）两个步不能直接相连，两个步之间必须有转换及转换条件。

（2）两个转换也不能直接相连，必须用步隔开。

（3）初始步就是系统的等待启动的初始状态，而不是过程步，在此可能没有输出量，但初始步必不可少。

（4）在系统组态时，在 CPU 的属性→脉冲发生器→选择系统和时钟存储器中选择启动系统存储器字节的地址，默认状态下是 MB1，也可设置为其他字节。如选 MB1 时就用 M1.0 这个初始化脉冲常开触点来启动初始步，否则初始步就不是活动步。因在顺序控制系统中，只有当前步为活动步，该步才有可能成为活动步。因此不用初始化脉冲来启动初始步，系统中将没有活动步，程序也不可能向下进行。

（5）一般情况下，自动控制系统中是能重复执行某一控制过程的，因此控制过程应该是闭环的。

例： 星－三角降压启动的要求如下：当按下启动按钮 SB1（I0.0）时，KM1（Q0.0）得电主触头闭合，电动机接通电源，同时 KM2（Q0.1）也得电，它的主触头闭合电动机定子绕组接成星形，电动机星形启动。启动 10 s 后 KM2（Q0.1）失电，为避免产生事故，再延长 1 s，1 s 后 KM3（Q0.2）得电，使主触头闭合，电动机定子绕组接成三角形，实现了星－三角降压启动的过程，当按下停止按钮时，电动机停止运行，一个周期完成，等待下一个周期的进行。

解： 根据题意画出时序图，如图 3-1-6 所示。

根据时序图中输出的动作，可将控制分为三步：星启→延时→三角形运行，在初始步电动机停止，没有任何输出。星启时的动作：KM1（Q0.0）和 KM2（Q0.1）得电动作；延时 1 s 时，只有 KM1（Q0.0）得电；三角形运行时，KM1（Q0.1）和 KM3（Q0.2）得电动作。

转换条件： 初始步到第一步的转换条件是按下启动按钮 SB1；第一步转换到第二步的条件是定时器 T1 时间到，它的常开触点闭合；第二步转换到第三步的条件是定时器 T2 时间到，它的常开触点闭合；由第三步回到原始步的条件是按下停止按钮 SB2。

画出顺序功能图，如图 3-1-7 所示。

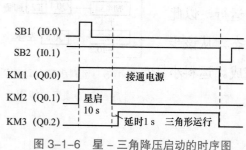

图 3-1-6　星－三角降压启动的时序图

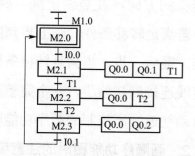

图 3-1-7　星－三角降压启动的顺序功能图

知识点 4：顺序功能图的基本结构

顺序功能图的基本结构：单序列、选择性序列和并行序列三种。

1. 单序列结构

单序列结构是由一系列按一定顺序相激活的步组成的，每一个步下面只有一个转换，一个转换只有一个步。单序列的特点是没有分支和合并，是最简单的顺序功能图，如图 3-1-8 所示。

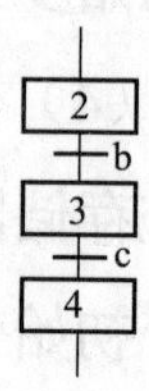

图 3-1-8　单序列

2. 选择性序列结构

选择性序列结构是在步的组成中，有选择性分支。即有的步下面不只具有一个转换（即不是一个步），该步下面是由两个或两个以上的转换分支组成的，但是它们的转换不是同时发生的，即当条件满足时只能选择该条件下的一条支路被激活，如图 3-1-9 所示。

3. 并行序列结构

并行序列结构是在步的组成中，有的步下面在相同条件下有两个及两个以上的后续步同时被激活，每条分支中的活动步的进展是相互独立的。为了强调它们的转换是同时发生的，并行序列在开始分支时用双水平线来表示，转换条件写在双水平线的上方，如图 3-1-10 所示。

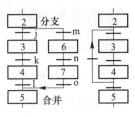

图 3-1-9　选择性序列

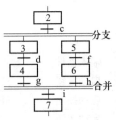

图 3-1-10　并行序列

任务布置

传送带工作示意图如图 3-1-11 所示。其中 1#、2# 和 3# 为三条皮带，分别由电动机 M1、M2 和 M3 控制。

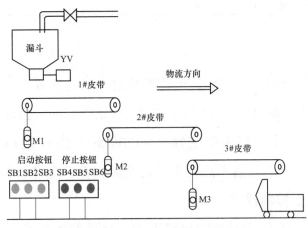

图 3-1-11　传送带工作示意图

（1）逆物流方向顺序启动。按下启动按钮 SB1 后，启动 3# 皮带；按下启动按钮 SB2 后，启动 2# 皮带；按下启动按钮 SB3 后，启动 1# 皮带，同时开启漏斗闸门（YV=ON），启动完毕。

（2）顺物流方向顺序停车。按下停止按钮 SB4，关闭漏斗闸门，为防止货物堆积需延时 8 s，然后再停止 1# 皮带；按下停止按钮 SB5，停止 2# 皮带；按下停止按钮 SB6，停止 3# 皮带，停车完毕。

（说明：漏斗闸门由单向电磁阀 YV 控制，YV 得电，闸门打开；反之，闸门关闭。）

任务实施

1. 任务分析

该任务所完成的功能比较复杂，用经验设计法需要设定多个互锁触点，稍有不慎就有可能出现故障，或出现双线圈输出的问题。采用顺序

传送带顺序控制程序运行

控制时是按步来完成的，每一步完成的任务非常清晰，并且在执行过程中只有一个活动步就能克服双线圈的出现，也不用太多的互锁触点。

2. I/O 地址分配表

该系统有 3 个启动按钮、3 个停止按钮共 6 个输入，3 个接触器、1 个电磁阀共 4 个输出，I/O 地址分配如表 3-1-1 所示。

表 3-1-1   I/O 地址分配

输入				输出			
输入器件	文字符号	作用	输入继电器	输出器件	文字符号	作用	输出继电器
启动按钮	SB1	启动 M3	I0.0	接触器	KM1	控制 M1	Q0.0
启动按钮	SB2	启动 M2	I0.1	接触器	KM2	控制 M2	Q0.1
启动按钮	SB3	启动 M1	I0.2	接触器	KM3	控制 M3	Q0.2
停止按钮	SB4	停止 M1	I0.3	电磁阀	YV	控制漏斗	Q0.3
停止按钮	SB5	停止 M2	I0.4				
停止按钮	SB6	停止 M3	I0.5				

3. PLC 选型

根据控制要求可知，该任务只需要开关量控制，且需要 6 个点动按钮 SB 和 3 个接触器 KM，即 6 个输入、3 个输出。这样可选 S7-1200 系列 CPU 1214C（AC/DC/RLY）模块。由于教学条件的限制，在本项目中都选择 S7-1200 系列 CPU 1214C（AC/DC/RLY），不再根据存储容量、输入 / 输出点数等需要来进行实际选型，除非有特殊要求。

4. 绘制并安装 PLC 控制线路

小组成员分工合作，在同学画控制接线图时，另外的学生可先接主电路，然后再根据画出的接线图接控制线路，接线完毕后由画图的学生检查。

三条皮带的控制线路接线图如图 3-1-12 所示。安装时，为了安全，未把程序调试成功之前先不接输出负载。接线时各种电路保护——短路（FU）、过载（FR）、工作接零（PE）一定要安装全面，硬件上实现了各种保护，软件上就不用设置了。

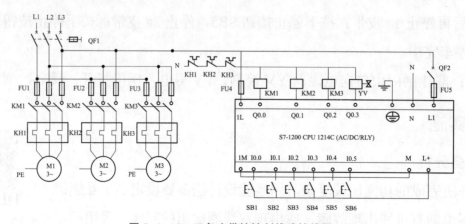

图 3-1-12   三条皮带的控制线路接线图

提示：安装时一定要在断电的状态下进行，并穿戴好安全防护用器。

5. 设计顺序功能图

依据顺序控制设计的步骤，先根据控制要求画出时序，再根据输出状态的变化划分控制的"步"，最后画出顺序功能图。

打开编程软件，建立新项目，添加新设备→控制器→ SIMTIC S7-1200 → CPU 1214C（AC/DC/RLY）→ 6ES7 214-1BG40-0XB0，在对 PLC 的 CPU 组态时，设置 MB1 为系统存储器字节，这样 M1.0 仅在首次扫描循环时为 1 状态，M1.2 的常开触点一直闭合。

编辑地址符号表，如图 3-1-13 所示。

1）划分工作步

划分工作步是顺序控制的关键和首要任务。分析三条皮带的控制要求，可把其控制过程的一个周期分为以下各步：（参考图 3-1-14 所示时序图）

图 3-1-13　编辑地址符号表

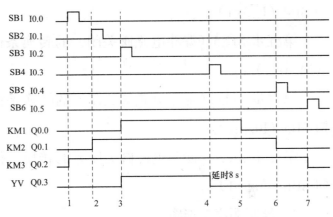

图 3-1-14　三条皮带控制的时序图

初始步 M2.0——漏斗关闭（Q0.3=0），三条皮带都处于停止状态（Q0.0=0，Q0.1=0，Q0.2=0）。

第一步 M2.1——启动 3# 皮带即接触器 KM3 得电（Q0.2=1）。

第二步 M2.2——启动 2# 皮带即接触器 KM2 得电（Q0.1=1）。

第三步 M2.3——启动 1# 皮带即接触器 KM1 得电（Q0.0=1），同时物料漏斗打开即电磁阀 YV 得电（Q0.3=1）。

第四步 M2.4——关闭漏斗即电磁阀 YV 失电（Q0.3=0），并延时 8 s。

第五步 M2.5——停止 1# 皮带即接触器 KM1 失电（Q0.0=0）。

第六步 M2.6——停止 2# 皮带即接触器 KM2 失电（Q0.1=0）。

第七步 M2.7——停止 3# 皮带即接触器 KM3 失电（Q0.2= 0）。

2）确定转移条件

根据控制要求，可以确定各步的转换条件：

初始步 M2.0 的两种转换条件为：

系统刚开始运行时，如果设置默认的 MB1 **为系统存储器字节地址，则必须使用开机后仅在 PLC 进入 RUN 模式时接通一个扫描周期的 M1.0 位存储器的常开触点作为转换条件，将初始步预置为活动步，这样就为系统工作做好了准备。**

当第一条皮带停止后，整个三条皮带的逆启顺停的工作完成，即由工作步 M2.7 返回到初始步 M2.0，转换条件是 KM3 线圈失电，即 **Q0.2 常闭点闭合。**

第一步 M2.1（3# 皮带启动运转）的转换条件：**按下启动按钮 SB1（I0.0=1）；**

第二步 M2.2（2# 皮带启动运转）的转换条件：**按下启动按钮 SB2（I0.1=1）；**

第三步 M2.3（1# 皮带启动运转）的转换条件：**按下启动按钮 SB3（I0.2=1）；**

第四步 M2.4（漏斗电磁阀关闭）的转换条件：**按下停止按钮 SB4（I0.3=1）；**

第五步 M2.5（漏斗电磁阀关闭）的转换条件：**定时时间到（M3.0=1）；**

第六步 M2.6（漏斗电磁阀关闭）的转换条件：**按下停止按钮 SB5（I0.4=1）；**

第七步 M2.7（漏斗电磁阀关闭）的转换条件：**按下停止按钮 SB6（I0.5=1）。**

3）绘制顺序功能图

根据前面划分的步与转换条件就可以绘制出**如图 3-1-15** 所示的顺序功能图。

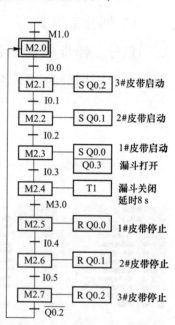

图 3-1-15　三条皮带控制的顺序功能图

 每课一句小古文：

"吾尝终日而思矣，不如须臾之所学也；吾尝跂而望矣，不如登高之博见也……君子生非异也，善假于物也。"

面对复杂问题的解决，凭借思考和经验，很难快速解决问题，且具有一定的试探性、随意性，一旦程序出现问题很难查出问题所在。顺序控制法，就是将复杂控制简单结构化，结构清晰，思路简单，从而达到快速解决问题的目的。

任务 3-2　轧钢机的 PLC 控制

知识目标：

1．使用启保停电路进行单序列顺序功能图编程。

2．能使用顺序控制设计方法进行一些简单的顺序控制系统。

技能目标：

1．能够根据任务要求制订任务计划并能合理高效地实施任务。

2．能够借助网络媒体查阅资料，理解新知，独立解决任务中的问题。

情感目标：

1．培养善于独立思考、交流沟通的协作能力。

2．培养学习兴趣，树立积极乐观的学习态度。

3．树立自信心，增强克服困难的意志，养成和谐和健康向上的品格。

4．引导学生执行 6S 管理模式。

5．纸上得来终觉浅，绝知此事要躬行。引导学生自己设计控制系统，理论联系实际。

情景引入：

前面学习了顺序控制、画顺序控制图和顺序功能图的基本结构，但没有编写程序。在顺序控制编程法中，最关键的是在程序的编写中实现程序段的激活与关断，具体的有用启保停电路、置位复位命令来实现，下面就以单序列结构为例来学习用启保停电路编写程序。

任务资讯

知识点 1：单序列结构顺序功能图

单序列结构是由一系列按一定顺序相激活的步组成的，每一个步下面只有一个转换，一个转换只有一个步。小车自动往返控制的单序列结构的顺序功能图如图 3-2-1 所示。

在编写梯形图时，由于每激活到下一步时，上一步都要被判断而停止运行，因此就避免了双线圈输出的问题。

知识点 2：根据顺序功能图用启保停电路书写梯形图

顺序功能图常用的编写程序的方法有两种：使用启保停电路、用置位复位命令的以转换为中心的编程方法（S7-200 以前的型号还可使用顺序控制继电器指令的编程方法）。

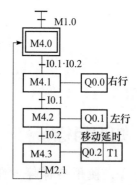

图 3-2-1　小车自动往返控制的单序列结构的顺序功能图

启保停电路主要是由启动电路、停止电路、保持电路和串接一个线圈组成的。启动电路由启动的条件组成，可以是一个也可以是多个，它只在启动的瞬间导通；停止电路是由下一步的编程元件的常闭触点（或和急停按钮串联）组成的，它只在停止的瞬间断开；保持电路是由该步被控制的位存储器的常开触点与启动电路并联组成的，它必须与启保停电路中的线圈属于同一位存储器。有多少步就有多少这样的电路块。最后用代表步的位存储器（M）的常开触点或它们的并联电路来驱动该步对应的输出位的线圈。

下面以小车自动往返的顺序控制为例加以说明。

1）步的启动

顺序控制中的初始状态（原点）即起始步，由顺序功能图可知有多少转换到初始步就有多少个初始步的启动电路。由小车的自动往返控制顺序功能图可以看到它有两个转换，也就是有两个"启动电路"：一是由开机后仅在 PLC 进入 RUN 模式时接通一个扫描周期的 M1.0 位存储器启动，二是由上步 M4.3 活动步与转换条件 M2.1 来启动，这两个启动电路是相互独立的，因此两个启动电路是并联的。这个电路块所串联的线圈是代表该步的位存储器 M4.0 的线圈，"保"即该线圈的常开触点 M4.0 与启动电路并联；"停"为代表下一步的位存储器 M4.1 的常闭触点，即启动下一步时就关断上一步。初始步的梯形图如图 3-2-2 所示。

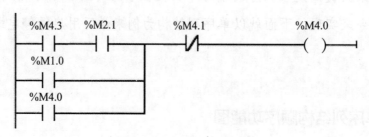

图 3-2-2　初始步的梯形图

第一步，启动电路是由上一步 M4.0 的常开触点与两个转换条件的逻辑与（即 I0.0 和 I0.2 的两个常开触点串联）串联组成的，启动的是该步 M4.1，因此串联的线圈代表该步的位存储器 M4.1 的线圈，"保"即该线圈的常开触点 M4.1 与启动电路并联；"停"代表下一步的位存储器 M4.2 的常闭触点组成。第一步的梯形图如图 3-2-3 所示。

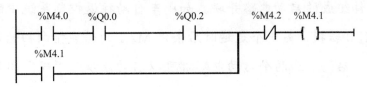

图 3-2-3 第一步的梯形图

第二步，启动电路是由上一步 M4.1 的常开触点与转换条件 I0.1 的常开触点组成的；线圈代表该步位存储器 M4.2，"保"为该线圈的常开触点 M4.2 组成；"停"代表下一步的位存储器 M4.3 的常闭触点组成。第二步的梯形图如图 3-2-4 所示。

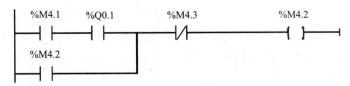

图 3-2-4 第二步的梯形图

第三步，启动电路是由上一步 M4.2 的常开触点与转换条件 I0.2 的常开触点组成的；线圈代表该步位存储器 M4.3，"保"为该线圈的常开触点 M4.3 组成；"停"代表下一步的位存储器 M4.0 的常闭触点组成。第三步的梯形图如图 3-2-5 所示。

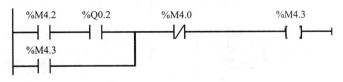

图 3-2-5 第三步的梯形图

小结：启保停电路就是：每一步的"启动"都是由代表上一步的位存储器的常开触点和进入该步的转换条件的常开触点串联组成的；输出代表该步的位存储器的线圈；"保"为该步位存储器的常开触点与启动电路并联；"停"代表下一步的位存储器的常闭触点组成。

2）动作的处理

每步实现的动作可直接与代表该步的位存储器的线圈并联［见图 3-2-6（a）］，全部动作也可以在处理完所有步时再统一进行处理，如图 3-2-6（b）所示。处理时用代表每步的位存储器的常开触点与输出线圈串联，如有多步输出为同一动作时，启动同一动作的位存储器的常开触点要并联。

小车自动往返控制的完整梯形图如图 3-2-6 所示。

总结：在顺序功能图中有多少步就要有多少激活步的启保停电路。如上面小车自动往返控制系统中有 4 步，那么就有 4 个激活步的启保停电路。在顺序控制的梯形图设计中关键在于"启"和"停"的设计，尤其是"启"的设计，一定要认真找出有多少转换指向该步，就应有多少转换条件组成的启动电路并联。如小车自动往返控制系统中的初始步，有两个转换：一是条件 M1.0 转换，另一个是延时后条件 M2.1 的转换指向初始步，因此它就有两个启动电路构成了"启"，这两个启动电路都可以启动该步是"或"的关系，因此要把这两个电路并联。"停"就是用代表下一步辅助继电器的常闭触点来关断，"保"就是用代表该步的辅助继电器的常开触点与启动电路并联。

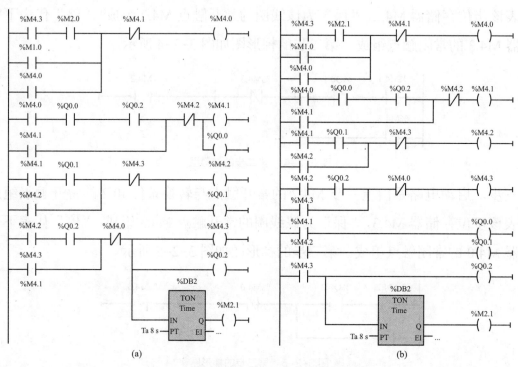

图 3-2-6　小车自动往返控制的完整梯形图
（a）每步直接处理输出的梯形图；（b）集中处理输出的梯形图

任务布置

自控轧钢机总体控制要求面板如图 3-2-7 所示，钢板从右侧送入，在 M2、M1、M3 电动机的带动下，经过三次轧压后从左侧送出。

（1）打开"SD"启动开关，系统开始运行，钢板从右侧送入。打开"S1"开关，模拟钢板被检测到，M1、M2、M3 点亮，表示电动机 M1、M2、M3 正转，将钢板自右向左传送。同时指示灯 A 点亮，表示此时只有下压量 A 作用。

（2）钢板经过轧压后，超出"S1"传感器检测范围，电动机 M2 停止转动。

（3）钢板在电动机的带动下，被传送到左侧，被 S2 传感器检测到后，MF1、MF2、MF3 点亮，表示电动机 M1、M2、M3 反转，将制板自左向右传送。同时指示灯 A、B 点亮，表示此时有下压量 A、B 一起作用。

（4）钢板经过轧压后超出"S2"传感器检测范围，电动机 M3 停止转动。

（5）钢板在电动机的带动下，被传送到右侧，被"S1"传感器检测到后，MZ1、MZ2、MZ3 点亮，表示电动机 M1、M2、M3 正转，将钢板自右向左传送。同时指示灯 A、B、C 点亮，表示此时有下压量 A、B、C 一起作用。

（6）钢板经过轧压后，超出 S1 传感器检测范围，电动机 M2 停止转动。

（7）钢板传送到左侧，被 S2 传感器检测到后，电动机 M1 停止转动。

（8）钢板从左侧送出后，超出 S2 传感器检测范围，电动机 M3 停止转动。

（9）S1 传感器再次检测到钢板后，根据（2）～（8）的步骤完成对钢板的轧压。

（10）在运行时，断开"SD"开关，系统完成后一个工作周期后停止运行。

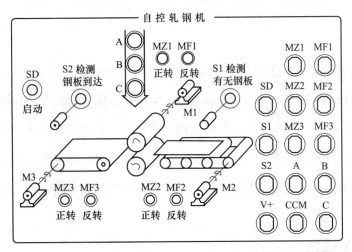

图 3-2-7　自控轧钢机总体控制要求面板

自控轧钢机的 PLC
控制程序运行

任务实施

1. 任务分析

该任务看上去比较复杂，因在每一步的动作都不只有一个，这样就需要认真仔细，不可遗漏。这个系统虽然复杂，其实是单序列结构，在其中只有初始步有两个"启"的电路，其他都只有一个，只要初始步处理好，每步的动作找全还是比较容易的。

2. I/O 地址分配表（见表 3-2-1）

表 3-2-1　I/O 地址分配表

输入				输出			
输入器件	文字符号	作用	输入继电器	输出器件	文字符号	作用	输出继电器
启动开关	SD	启动控制系统	I0.0	MZ1 正转接触器	KM1	控制 M1 正转	Q0.0
传感器	S1	检测钢板从右侧送入	I0.1	MZ2 正转接触器	KM2	控制 M2 正转	Q0.1

续表

输入				输出			
输入器件	文字符号	作用	输入继电器	输出器件	文字符号	作用	输出继电器
传感器	S2	检测钢板达到最左侧	I0.2	MZ3 正转接触器	KM3	控制 M3 正转	Q0.2
				MF1 反转接触器	KM4	控制 M1 反转	Q0.3
				MF2 反转接触器	KM5	控制 M2 反转	Q0.4
				MF3 反转接触器	KM6	控制 M3 反转	Q0.5
				下压量	A	控制钢板厚度	Q0.6
				下压量	B	控制钢板厚度	Q0.7
				下压量	C	控制钢板厚度	Q1.0

3. 所需 PLC 选型

根据控制要求可知，该任务只需要开关量控制，且需要 1 个启动开关 SD 和两个传感器，6 个控制 3 个三相异步电动机正反转的接触器 KM，3 个控制钢板厚度的压缩量输出 A、B、C，即 3 个输入、9 个输出，应选 S7-1200 中的 CPU 1214C，它是 14 输入 /10 输出。（选 CPU 1212C 然后加一信号扩展板加以扩展也可达到）。由于教学条件的限制，在本项目中选择 S7-1200 系列 CPU 1214C（AC/DC/RLY），不再根据存储容量、输入 / 输出点数等需要来进行实际选型，除非有特殊要求。

4. 绘制并安装 PLC 控制线路

小组成员分工合作，在同学画控制接线图时，另外的学生可先接主电路，然后再根据画出的接线图接控制线路，接线完毕后由画图的学生检查。轧钢机的控制线路接线图如图 3-2-8 所示。

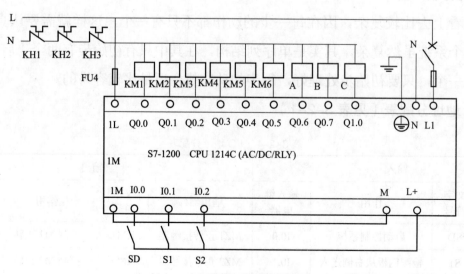

图 3-2-8　轧钢机的控制线路接线图

5. 设计梯形图程序

依据顺序控制设计的步骤,先根据控制要求画出时序,再根据输出状态的变化划分控制的"步",最后画出顺序功能图。

打开编程软件,建立新项目,添加新设备→控制器→ SIMTIC S7-1200 → CPU 1214C (AC/DC/RLY)→ 6ES7 214-1BG40-0XB0,在对 PLC 的 CPU 组态时,设置 MB5 为系统存储器字节,这样 M5.0 为仅在首次扫描循环时为 1 状态,M5.2 的常开触点一直闭合。

(1)编辑符号表,如图 3-2-9 所示。

(2)绘制顺序功能图,如图 3-2-10 所示。

(3)编写梯形图,如图 3-2-11 所示。

		名称	变量表	数据类型	地址
1		SD	默认变量表	Bool	%I0.0
2		S1	默认变量表	Bool	%I0.1
3		S2	默认变量表	Bool	%I0.2
4		MZ1	默认变量表	Bool	%Q0.0
5		MZ2	默认变量表	Bool	%Q0.1
6		MZ3	默认变量表	Bool	%Q0.2
7		MF1	默认变量表	Bool	%Q0.3
8		MF2	默认变量表	Bool	%Q0.4
9		MF3	默认变量表	Bool	%Q0.5
10		A	默认变量表	Bool	%Q0.6
11		B	默认变量表	Bool	%Q0.7
12		C	默认变量表	Bool	%Q1.0

图 3-2-9 PLC 变量表

图 3-2-10 轧钢机控制系统的顺序功能图

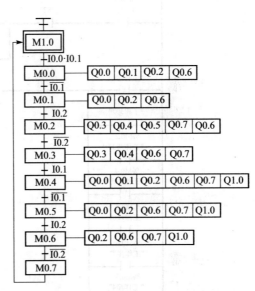

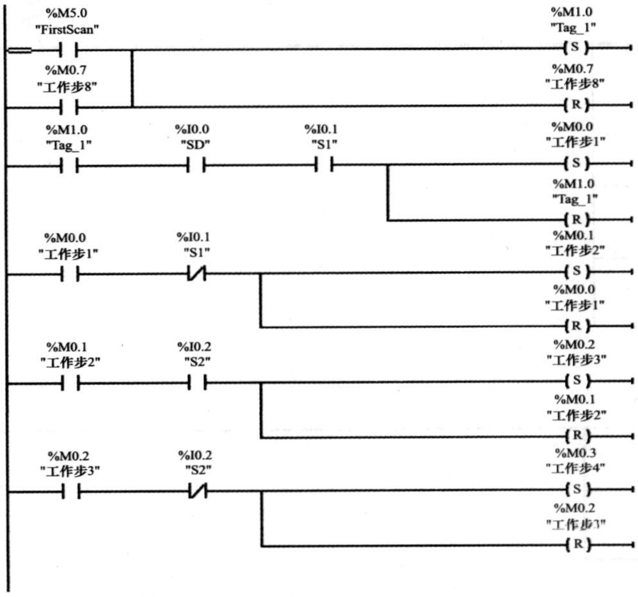

图 3-2-11 轧钢机 PLC 控制梯形图

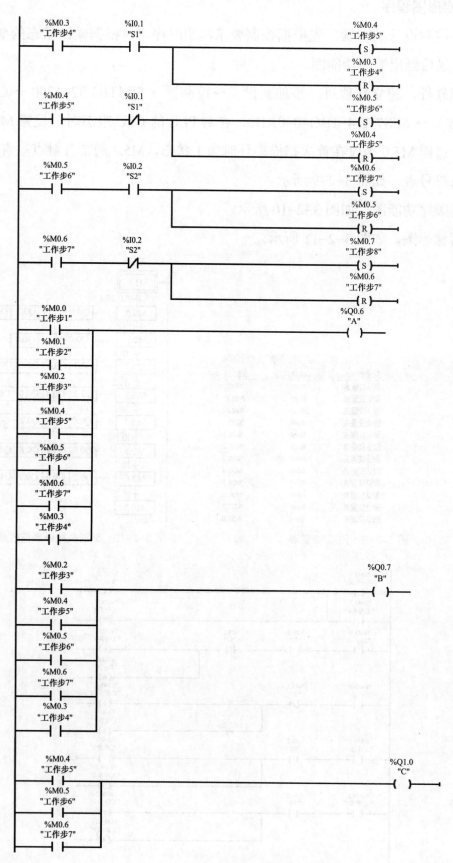

图 3-2-11　轧钢机 PLC 控制梯形图（续）

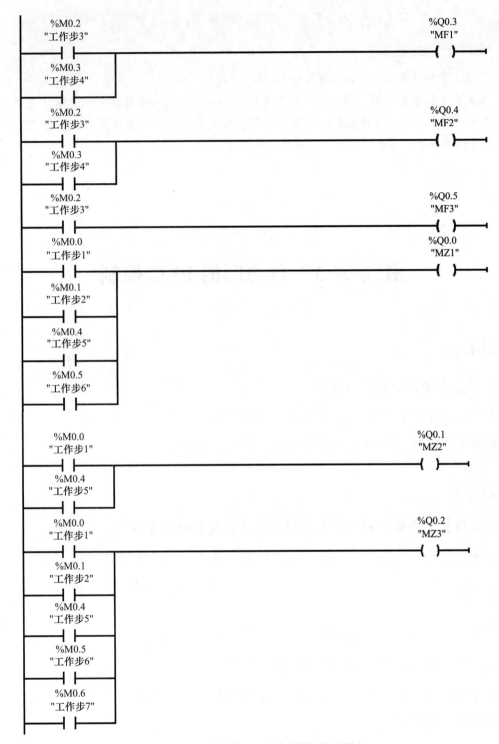

图 3-2-11　轧钢机 PLC 控制梯形图（续）

6. 模拟调试

利用仿真软件进行梯形图的模拟调试。

7. 联机调试

程序模拟调试成功后，接上实际的负载进行联机调试并验收。

每课一句小古文：

"纸上得来终觉浅，绝知此事要躬行。"

　　从书本上得来的知识，毕竟是不够完善的。如果想要深入理解其中的道理，必须要亲自实践才行。前面学习了顺序控制、画顺序控制图和顺序功能图的基本结构，属于理论知识，如何将理论知识用于编程过程中，就需要动手操作了。

任务3-3　自动门的 PLC 控制

知识目标：

1. 了解分支序列功能图的特点。

2. 学会分支序列的分支、合并程序的设计方法。

3. 能使用分支序列去编写一些简单的顺序控制系统。

能力目标：

1. 能够根据任务要求制订任务计划并能合理高效地实施任务。

2. 能够借助网络媒体查阅资料，理解新知，独立解决任务中的问题。

情感目标：

1. 培养善于独立思考、交流沟通的协作能力。

2. 培养学习兴趣，树立积极乐观的学习态度。

3. 树立自信心，增强克服困难的意志，养成和谐和健康向上的品格。

4. 引导学生执行 6S 管理模式。

5. "故用兵之法，十则围之，五则攻之，倍则分之"，引导学生根据条件的不同，设置不同的控制策略。

情景引入：

　　在前面学习了单序列结构的顺序功能图及其编程方法，在实际工作中还有很多选择序列结构的顺序功能图，比如洗衣机洗涤衣物时，要求正转三圈反转三圈重复三次，这就涉及选择性的重复。又比如在大小球分拣控制系统中会涉及不同材质的物料的分拣工作。在自动控制系统中，除了这种分拣外，还会经常遇到大小球分拣、不同颜色的分拣等，在不同条件下会有不同的工作，这在顺序控制中都会涉及选择的问题。

任务咨询

知识点 1：选择序列顺序功能图的编程方法

选择序列的开始称为分支，选择序列的结束称为合并。选择序列顺序功能图的编程，主要是处理选择序列分支和合并的编程方法。

1. 选择序列分支的编程方法

选择序列某步下面有多少分支，就有多少由代表上步的位存储器常开触点与转换条件的触点串联组成启动电路。

例：如图 3-3-1 所示，在步 M2.0 后有两个选择序列分支，这两个分支不能同时执行，只能选择其中一个分支执行，其梯形图如图 3-3-2 所示。

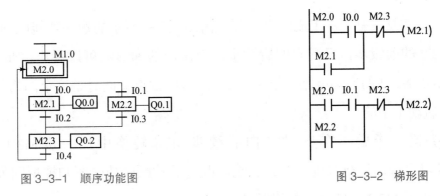

图 3-3-1 顺序功能图   图 3-3-2 梯形图

当 M2.0 为活动步时，即 M2.0=1 时，若转换条件 I0.0=1，则将转换到步 M2.1，M2.1=1 为活动步，而 M2.0=0 为不活动步。

同理，当 M2.0 为活动步时，即 M2.0=1 时，若转换条件 I0.1=1，则将转换到步 M2.2，M2.2=1 为活动步，而 M2.0=0 为不活动步，即哪个条件满足就向哪个方向转换。

2. 选择序列合并的编程方法

在进行选择序列合并编程时，如果某步的前面是由两个或两个以上的支路组成的选择序列合并，那么就会有多少启动该步的启动电路并联来启动该步。

如上面例题中可知：M2.3 步可以由上面两个分支的最后一步来启动。当步 M2.1 为活动步（即 M2.1=1）且满足转换条件 I0.0=1 时，或当步 M2.2 为活动步（即 M2.2=1）且满足转换条件 I0.1=1 时，步 M2.3 都会被激活为活动步（即 M2.3=1），同时步 M2.1 或步 M2.2 就变为不活动步（即 M2.1=0 或 M2.2=0）。完整的梯形图如图 3-3-3 所示。

3. 选择性分支上一步的编程方法

选择序列中选择性分支的上一步的编程方法与单序列的不同之处在于"停"，因为这步的下面有两个或两个以上的支路，因此它的"停"不止一个，有多少个分支就有多少个分支下面代表各步的位存储器的常闭触点作为"停"的电路。如例题中步 M2.0 的"停"，因为它的下面有两个分支，因此它的"停"就由下面两个分支的位存储器 M2.1 和 M2.2 的常闭触点组成。

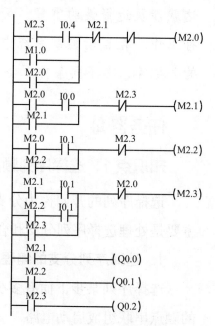

图 3-3-3　完整的梯形图

另外，允许选择序列的某一条分支上没有步，但是必须有一个转换，这种结构如向下转换就称为"跳步"，如向上转换就称为"重复"。"跳步"和"重复"都是选择序列的特殊情况。

在"重复"中涉及只有两步组成的小闭环，由图 3-3-4 所示的顺序功能图和梯形图可知，M2.1 既是 M2.2 的前级步，又是它的后续步，由画出的梯形图可以看出，步 M2.1 的常开触点和 I0.1 是步 M2.2 的启动电路，但步 M2.1 的常闭触点又同时是这个网络的停电路，因此步 M2.2 是启动不了的。

为了解决这一矛盾，在步 M2.2 向后续步 M2.1 转换中加一步 M3.1，让它延时 100 ms，这样对系统的运行也没有什么影响。改进后的顺序功能图和梯形图如图 3-3-5 所示，这样就解决了 M2.2 不能启动的问题了。

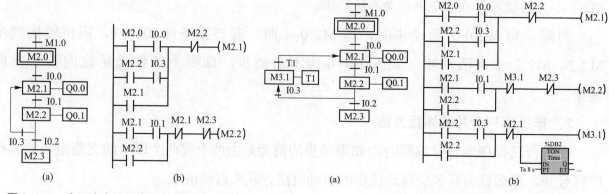

图 3-3-4　有两步小闭环的顺序功能图和梯形图
（a）顺序功能图；（b）梯形图

图 3-3-5　改进后的顺序功能图和梯形图
（a）顺序功能图；（b）梯形图

知识点 2：使用置位 S 和复位 R 指令的顺序控制梯形图的设计方法

在使用置位 S 和复位 R 指令设计顺序控制梯形图时，用启保停电路中的启动电路即将代表前级步的位存储器的常开触点与启动该步的条件常开触点组成的串联电路，作为使该步置位（用 S 指令）和使前级步复位（用 R 指令）的条件，每一步都可以用这种方法来设计。在任何情况下，各步的梯形图都可以用这一原则来设计，在顺序控制系统中有多少这样的转换就有多少这样的置位和复位电路，这种设计方法是有规律可循的，梯形图与转换之间有着严格的对应关系。如图 3-3-5（a）所示的顺序功能图，用置位和复位指令编写的梯形图如图 3-3-6 所示。

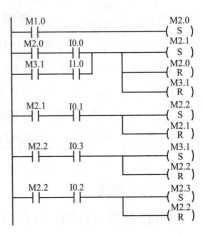

图 3-3-6　用置位和复位指令编写的梯形图

注意：用置位与复位命令编写梯形图处理动作时，不能把输出线圈与置位指令和复位指令并联，因为该步一旦被置位，上一步同时被复位，启动条件中上一步的常开触点就打开，输出得电的时间太短，只有一个扫描周期，不能满足控制要求。因此只能把动作的输出写在后面集中处理，用代表每步的位存储器的常开触点或它们的并联电路来驱动各步的输出（即串联各输出线圈）。

任务布置

当有人靠近自动门时，红外线感应器 I0.0 为 ON，Q0.0 驱动电动机高速开门，碰到开门减速开关 I0.1 时，变为低速开门。碰到开门极限开关 I0.2 时电动机停止转动，开始延时。若 0.5 s 内红外感应器检测到无人，Q0.1 启动电动机高速关门。碰到关门减速开关时，改为低速关门，碰到极限开关 I0.3 时电动机停转。在关门期间若感应器检测到有人，停止关门，延时 0.5 s 后自动转换为高速开门。

任务实施

1. 任务分析

依据控制要求，可以知道，当自动门在高速或低速关门期间检测到有人要进出，此时就涉及选择性分支的问题，就要结束当前的关门状态改为延时开门。

2. I/O 地址分配表（见表 3-3-1）

表 3-3-1　I/O 地址分配表

输入				输出			
输入器件	文字符号	作用	输入继电器	输出器件	文字符号	作用	输出继电器
红外感应器	SD	启动控制系统	I0.0	电动机高速开门	KM1	控制 M1 正转	Q0.0
开门减速开关	SQ1	检测开门到减速位置	I0.1	电动机低速开门	KM2	控制 M2 正转	Q0.1
开门极限开关	SQ2	检测开门到最大位置	I0.2	电动机高速关门	KM3	控制 M3 正转	Q0.2
关门减速开关	SQ3	检测关门到减速位置	I0.3	电动机低速关门	KM4	控制 M1 反转	Q0.3
关门极限开关	SQ4	检测门已关好	I0.4				

3. PLC 选型

根据控制要求可知，该任务只需要开关量控制，且需要 1 个启动开关 SD1，4 个限位开关，4 个控制自动门高速、低速开关门的电动机的正反转接触器 KM，即 5 个输入、4 个输出，应选 S7-1200 中 CPU 1214C，它是 14 输入 /10 输出。（CPU 1212C 加一信号扩展板加以扩展也可达到目的。）由于教学条件的限制，在本项目中选择 S7-1200 系列 CPU 1214C（AC/DC/RLY），不再根据存储容量，输入 / 输出点数等需要来进行实际选型，除非有特殊要求。

4. 绘制并安装 PLC 控制线路

小组成员分工合作，在同学画控制接线图时，另外的学生可先接主电路，然后根据画出的接线图接控制线路，接线完毕后由画图的学生检查。自动门的硬件接线图如图 3-3-7 所示。

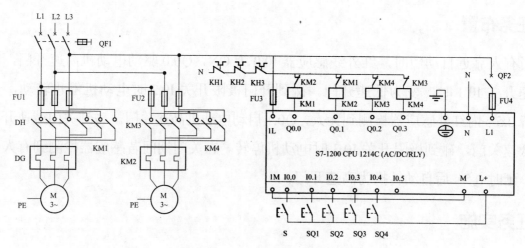

图 3-3-7　自动门的硬件接线图

5. 设计梯形图程序

依据顺序控制设计的步骤，先根据控制要求画出时序，再根据输出状态的变化划分控制的"步"，再画出顺序功能图。

打开编程软件，建立新项目，添加新设备→控制器→ SIMTIC S7-1200 → CPU 1214C（AC/DC/RLY）→ 6ES7 214-1BG40-0XB0，在对 PLC 的 CPU 组态时，设置 MB1 为系统存储器字节，这样 M1.0 为仅在首次扫描循环时为 1 状态，M1.2 的常开触点一直闭合。

编辑符号表，如图 3-3-8 所示。

（1）绘制顺序功能图，如图 3-3-9 所示。

（2）编写梯形图，如图 3-3-10 所示。

默认变量表

	名称	数据类型	地址	保持	在 H...	可从 ...
1	S红外感应器	Bool	%I0.0	☐	☑	☑
2	SQ1开门减速开关	Bool	%I0.1	☐	☑	☑
3	SQ2开门极限开关	Bool	%I0.2	☐	☑	☑
4	SQ3关门减速开关	Bool	%I0.3	☐	☑	☑
5	SQ4关门极限开关	Bool	%I0.4	☐	☑	☑
6	KM1电动机高速开门	Bool	%Q0.0	☐	☑	☑
7	KM2电动机高速关门	Bool	%Q0.1	☐	☑	☑
8	KM3电动机低速开门	Bool	%Q0.2	☐	☑	☑
9	KM4电动机低速关门	Bool	%Q0.3	☐	☑	☑
10	System_Byte	Byte	%MB1	☐	☑	☑
11	FirstScan	Bool	%M1.0	☐	☑	☑
12	DiagStatusUpdate	Bool	%M1.1	☐	☑	☑
13	AlwaysTRUE	Bool	%M1.2	☐	☑	☑
14	AlwaysFALSE	Bool	%M1.3	☐	☑	☑
15	Tag_1	Bool	%M2.0	☐	☑	☑
16	Tag_2	Bool	%M2.1	☐	☑	☑
17	Tag_3	Bool	%M2.2	☐	☑	☑
18	Tag_4	Bool	%M2.3	☐	☑	☑
19	Tag_5	Bool	%M2.4	☐	☑	☑
20	Tag_6	Bool	%M2.5	☐	☑	☑
21	Tag_7	Bool	%M2.6	☐	☑	☑

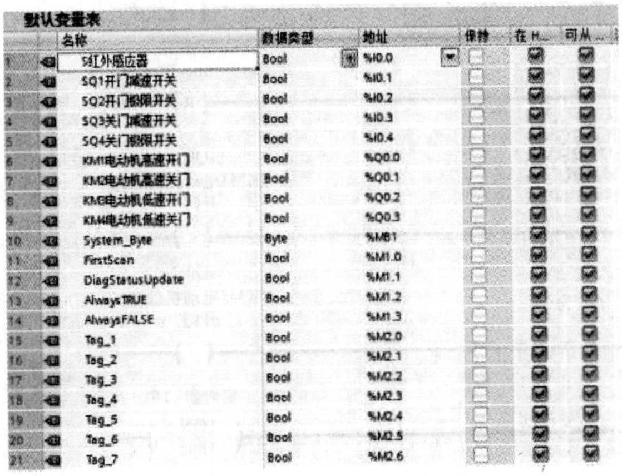

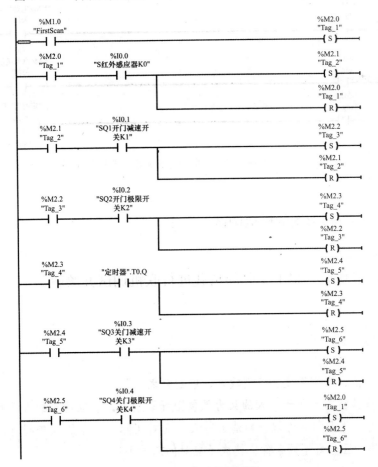

图 3-3-8　自动门变量表

图 3-3-9　自动门的顺序功能图

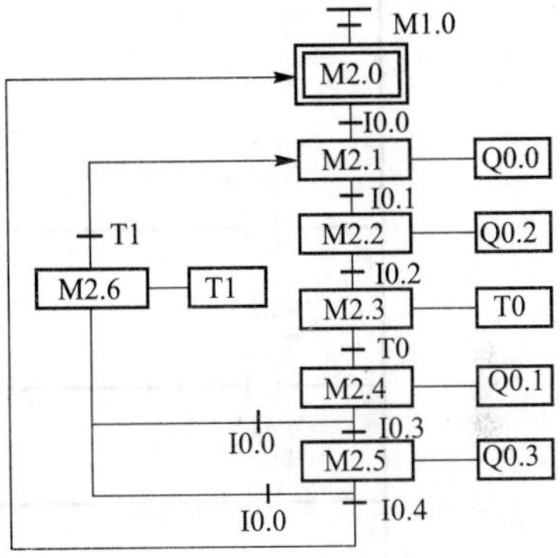

图 3-3-10　自动门梯形图

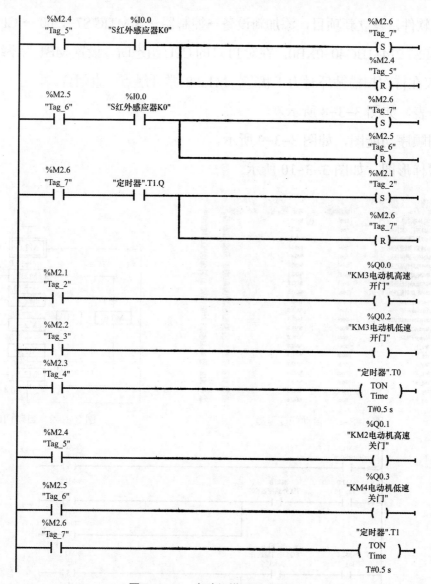

图 3-3-10 自动门梯形图（续）

6．模拟调试

利用仿真软件进行梯形图的模拟调试。

7．联机调试

程序模拟调试成功后，接上实际的负载进行联机调试并验收。

  每课一句小古文：

"故用兵之法，十则围之，五则攻之，倍则分之。"

根据用兵规律，有十倍于敌人的兵力就包围歼灭敌人，有五倍于敌人的兵力就猛烈进攻敌人，有多一倍于敌人的兵力就分割消灭敌人。面对实际工作中的选择问题时，不同条件下会有不同的工作。区分好不同条件，就成了应对问题的关键。

任务 3-4　交通信号灯的 PLC 控制

知识目标：

1．了解并行序列功能图的特点。

2．学会并行流程分支、汇合程序的设计方法。

3．能使用并行序列去编写一些简单的顺序控制系统。

能力目标：

1．能够根据任务要求制订任务计划并能合理高效地实施任务。

2．能够借助网络媒体查阅资料，理解新知，独立解决任务中的问题。

情感目标：

1．培养善于独立思考、交流沟通的协作能力。

2．培养学习兴趣，树立积极乐观的学习态度。

3．树立自信心，增强克服困难的意志，养成和谐和健康向上的品格。

4．使学生养成"冬则温，夏则清。晨则省，昏则定。出必告，反必面。居有常，业无变"的良好习惯。

情景引入：

前面学习了顺序控制功能图中的单序列、选择序列两种结构的编程方法，还有一种并行序列的功能图。并行序列在现实生活中也是很多的，最常见的就是交通信号灯，本节通过交通信号的控制，学会并行序列结构的梯形图的设计。

任务资讯

知识点 1：并行序列顺序功能图的基本结构

在现实生活中，许多控制中的动作是在满足条件时两条或两条以上的分支同时动作顺序执行的，当所有的分支结束后，满足转换条件的再合并在一起往下顺序控制执行，这就

是并行序列的顺序控制过程。

并行序列与选择性分支一样也有开始即分支与结束即合并。

并行序列是当某个步为活动步时，满足一定条件后将同时有两个或多个后续步被激活，每个后续步后的序列都是独立顺序进展的。为了与选择序列加以区别，强调转换是同时进行的，并行序列顺序功能图在开始分支时在条件的下方用双线框来表示，如图3-4-1所示。为强调当所有

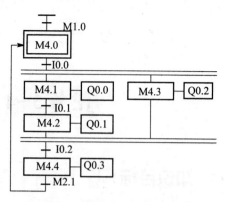

图 3-4-1　并行序列的顺序功能图

的分支序列结束后满足一定的条件才合并向下转换，在顺序功能图中合并也用双线框表示。

强调：分支时转换条件在双线框之上，即只有当满足条件时才能有两条或两条以上的分支被转换；合并时转换条件在双线框之下，即只有当所有分支独立进行到结束后（即合并前一步都是活动步）满足一定的条件才能合并在一起。

知识点 2：并行序列的分支与合并的编程方法

并行序列的分支是当满足条件后将同时激活多个后续步，因此在条件电路的后面应串接有多个线圈被置位。

如图3-4-1所示，顺序功能图中 M4.0 后有并行序列分支。M4.0 为活动步且当满足条件 I0.0 时，步 M4.1 和 M4.3 同时变为活动步，这是用 M4.0 和 I0.0 的常开触点串联电路分别作为 M4.1 和 M4.3 的启动电路来实现转换的，梯形图如图3-4-2所示；与此同时 M4.0 变为不活动步。

并行序列的合并是当所有的前级步都是活动步且满足转换条件时，就可合并到下一后续步。即启动电路是由代表前级步的辅助触点（如 M4.2、M4.3）的各个常开触点与转换条件（I0.2）对应的触点串联为启动电路来实现转换的（即将 M4.4 置位），梯形图如图3-4-3所示；与此同时 M4.2、M4.3 变为不活动步（复位）。

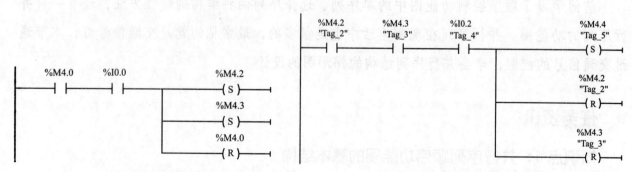

图 3-4-2　并行序列分支的梯形图　　　　图 3-4-3　并行序列合并的梯形图

并行序列完整的梯形图如图 3-4-4 所示。

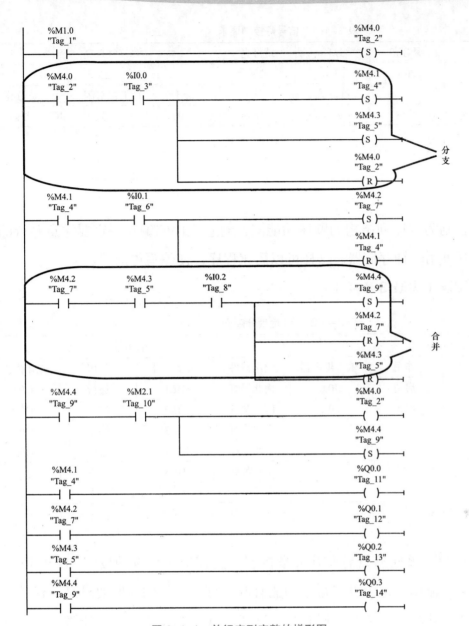

图 3-4-4　并行序列完整的梯形图

交通信号灯的 PLC
控制程序运行

任务布置

图 3-4-5 所示为交通信号灯的接线图，按启动按钮 SB1，信号灯系统开始循环动作，按停止按钮 SB2，所有信号灯都熄灭。信号灯控制要求如表 3-4-1 所示。

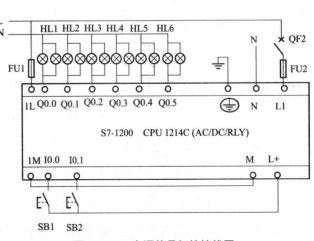

图 3-4-5　交通信号灯的接线图

表 3-4-1　信号灯控制要求

南北	信号	绿灯亮	绿灯闪	黄灯亮	红灯亮		
	时间	20 s	3 s	2 s	25 s		
东西	信号	红灯亮			绿灯亮	绿灯闪	黄灯亮
	时间	25 s			20 s	3 s	2 s

任务实施

1. 任务分析

交通信号灯的控制为并序列结构的顺序功能图，对它程序的编写一定要注意并行的分支和合并，灯的闪烁可用时钟存储器，这样可以简化程序，使编写更简练。

2. I/O 地址分配表（见表 3-4-2）

表 3-4-2　I/O 地址分配表

输入				输出			
输入器件	文字符号	作用	输入继电器	输出器件	文字符号	作用	输出继电器
启动按钮	SB1	启动	I0.0	南北绿灯	HL1	通行	Q0.0
停止按钮	SB2	停止	I0.1	南北黄灯	HL2	注意	Q0.1
				南北红灯	HL3	停止	Q0.2
				东西红灯	HL4	通行	Q0.3
				东西黄灯	HL5	注意	Q0.4
				东西绿灯	HL6	停止	Q0.5

3. PLC 选型

根据控制要求可知，该任务只需要开关量控制，且需要 2 个点动按钮 SB 和 12 盏灯 HL，即 2 个输入、6 个输出（每个方向每个功能有两盏灯，它们的控制要求是一样的，因此只需要 6 个）。这样可选 S7-1200 系列 CPU 1214C（AC/DC/RLY）。由于教学条件的限制，在本项目中都选择 S7-1200 系列 CPU 1214C（AC/DC/RLY），不再根据存储容量、输入/输出点数等需要进行实际选型，除非有特殊要求。

4. 绘制并安装 PLC 控制线路

小组成员分工合作，在同学画控制接线图时，另外的学生可先接主电路，然后再根据画出的接线图接控制线路，接线完毕后由画图的学生检查。

交通信号灯的接线图如图 3-4-5 所示。在电路中采用熔断器 FU 作为短路保护，因东、西、南、北 4 个方向都有信号灯，也就是东西、南北每种灯都是两盏，且它们的控制是一样的，因此并联之后连接在一个输出端子上。如果信号灯的功率较大，一个输出端带不了两盏信号灯，可采用一个输出端驱动一盏信号灯，也可用输出继电器先带中间继电器，再由中间继电器驱动信号灯。

提示：安装时一定要在断电的状态下进行，并穿戴好安全防护用器。

5. 设计梯形图程序

（1）根据控制要求画出十字路口控制的时序图，如图 3-4-6 所示。

（2）根据十字路口信号灯的时序图，可以看出，这是一个周期为 50 s，每一周期分成 4 个阶段的东西向、南北向并行运行的控制过程。画出十字路口信号灯的顺序功能图，如图 3-4-7 所示。

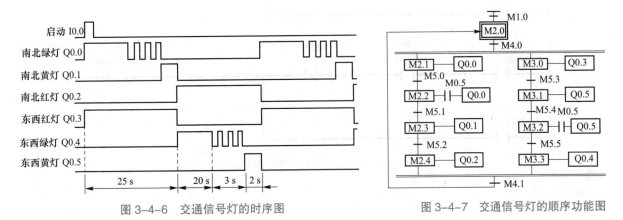

图 3-4-6 交通信号灯的时序图　　　　　图 3-4-7 交通信号灯的顺序功能图

（3）编写梯形图。采用以转换中心的编程方法，将图 3-4-7 所示的顺序功能图转换为图 3-4-8 所示的交通信号灯 PLC 控制的梯形图。

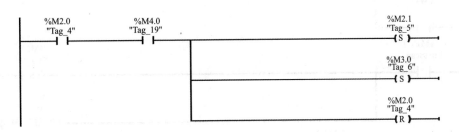

图 3-4-8 信号灯梯形图中并行序列分支

并行序列的分支：当 M2.0 为活动步，满足条件 M0.0 常开触点闭合时，M2.1、M3.0 同时被置位。

并行序列分支的合并：当 M2.5、M3.4 为活动步，且 T0 定时时间到时，分支就会合并，如图 3-4-9 所示。

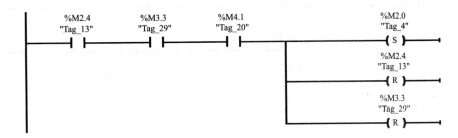

图 3-4-9 信号灯梯形图中并行序列合并

绿灯闪烁 3 次（OFF、ON 各 0.5 s）共 3 s，采用时钟位存储器 M0.5[%M0.5（Clock_1Hz），即 1 s 内接通 0.5 s，断开 0.5 s]来实现。南北灯与东西灯绿灯亮和绿灯闪如图 3-4-10 所示。

交通信号灯 PLC 控制系统的完整梯形图如图 3-4-11 所示。

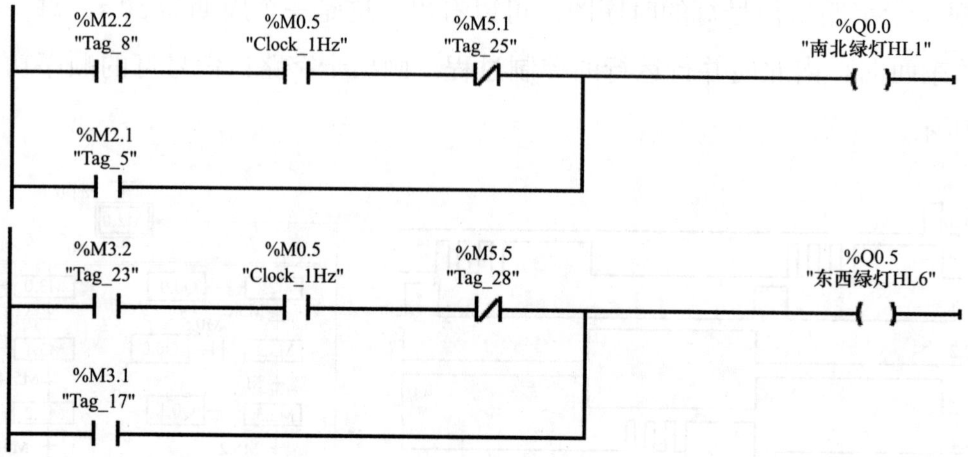

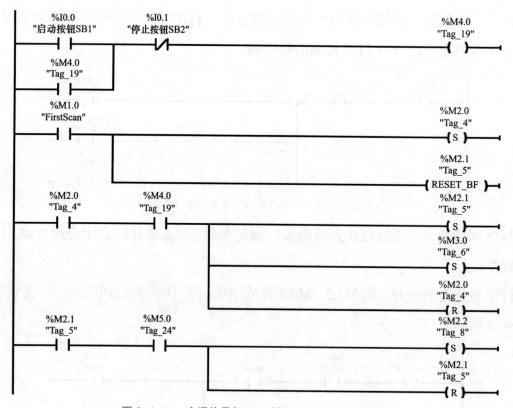

图 3-4-10 信号灯梯形图中闪烁部分

图 3-4-11 交通信号灯 PLC 控制系统的完整梯形图

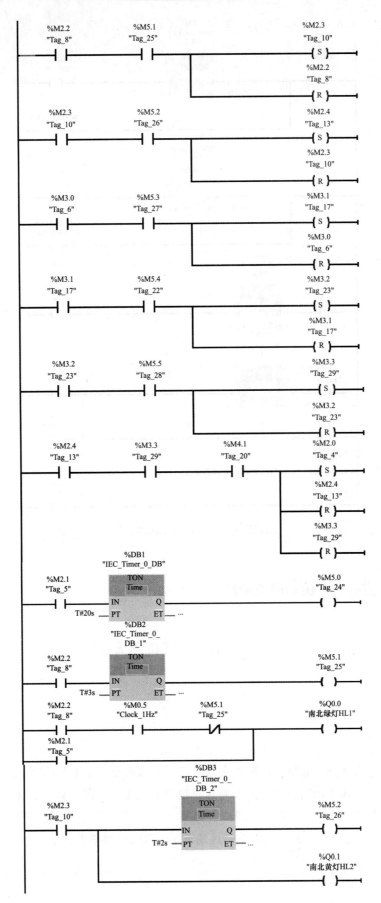

图 3-4-11 交通信号灯 PLC 控制系统的完整梯形图（续）

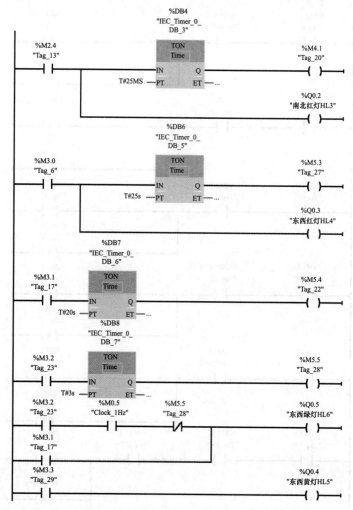

图 3-4-11 交通信号灯 PLC 控制系统的完整梯形图（续）

6. 模拟调试

利用仿真软件进行梯形图的模拟调试。

7. 联机调试

程序模拟调试成功后，接上实际的负载进行联机调试并验收。

 每课一句小古文：

"冬则温，夏则清。晨则省，昏则定。出必告，反必面。居有常，业无变。"

冬天寒冷时要保持温暖，夏天炎热则保持凉爽。凡事都要保持规律，就像十字路口交通灯一样，行人要遵守规则，否则就会酿成交通事故。平时生活起居，要保持正常有规律，做事有常规，按照一定的顺序去完成，不要随意改变，以免身体受损。

项目四
PLC 功能指令综合应用

任务 4-1　花样彩灯控制

知识目标：

1. 学会移动指令的功能及使用。

2. 学会移位指令、循环移位指令的功能及应用。

3. 了解 PLC 主程序与子程序的概念及应用。

技能目标：

1. 能够根据任务要求制订任务计划，并能合理高效地实施任务。

2. 能够借助网络媒体查阅资料，理解新知，独立解决任务中的问题。

3. 能够完成花样彩灯电路的编程与调试。

情感目标：

1. 培养善于独立思考、交流沟通的协作能力。

2. 培养学习兴趣，树立积极乐观的学习态度。

3. 树立自信心，增强克服困难的意志，养成和谐和健康向上的品格。

4. 使学生领悟"道人善，即是善。人知之，愈思勉。扬人恶，即是恶。疾之甚，祸且作"的做人道理。

情景引入：

在学习了之前的任务后，我们了解到无论是经验设计法还是顺序控制设计法，对于比较复杂的任务都会产生大量的程序段，在编程过程中还需要时刻注意避免输出线圈地址重复的问题，程序整体可读性比较差，尤其是在出现错误时不易修改。本节课通过 PLC 实现花样彩灯的控制，掌握数据传送指令、移位指令的应用，并学会应用程序块简化程序。

任务资讯

知识点 1：移动值 MOVE 指令

MOVE 指令用于将 IN 输入端的源操作数（数值或地址中的数据）赋值给输出端 OUT1

指定的地址中，指令执行后源操作数保持不变。该指令支持的数据类型为除 Bool（布尔型）数据之外的所有数据类型。

如图 4-1-1 所示，程序段是 PLC 上电后将 Q0 口清零，也就是 Q0.0 ～ Q0.7 均被复位。该类型指令多用于程序中的初始化和上电复位操作。

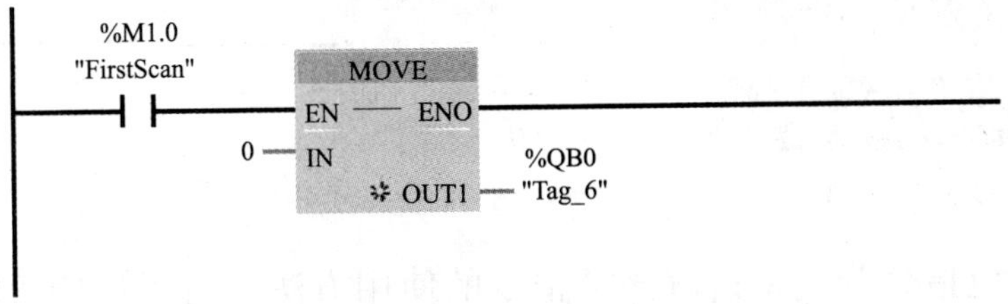

%M1.0
"FirstScan"
MOVE
EN
ENO
0
IN
%QB0
OUT1
"Tag_6"

图 4-1-1　MOVE 指令

注意：如果输入端 IN 数据类型的位长度超出输出 OUT1 数据类型的位长度，则源值的高位会丢失。如果输入 IN 数据类型的位长度低于输出 OUT1 数据类型的位长度，则目标值的高位会被改写为 0。

移动指令 MOVE 一般用于批量给输出寄存器 Q 赋值，或者在输入信号较多的情况下批量读取输入寄存器 I 中的数据。

例如控制 PLC 的 Q1.0 ～ Q1.7 端口上连接的 8 位彩灯隔一跳一点亮，如图 4-1-2 所示。

MOVE
EN
ENO
2#10101010
IN
%QB1
OUT1
"Tag_1"

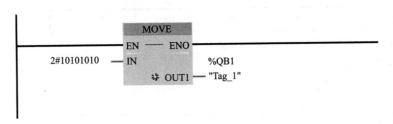

图 4-1-2　MOVE 指令控制 Q0 口输出

读取一个一位拨码开关输入的数值并保存在辅助寄存器 M 中，如图 4-1-3 所示。

MOVE
EN
ENO
%IB0
"Tag_3"
IN
OUT1
%MB20
"Tag_4"

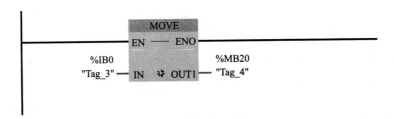

图 4-1-3　MOVE 指令读取寄存器 I 中的值

通过以上两段程序可以看出，在一些特定情况下使用 MOVE 指令可以大量简化程序步骤。

知识点 2：移位指令

如图 4-1-4 所示，移位指令包含向右移位指令 SHR（见图 4-1-5）和向左移位指令

SHL（见图 4-1-6），其功能是将输入端 IN 指定的存储单元的数据逐位左移或右移一定的位数，移动的位数是由输入参数 N 来定义的。移位后的结果将保存在输出参数 OUT 指定的地址中。

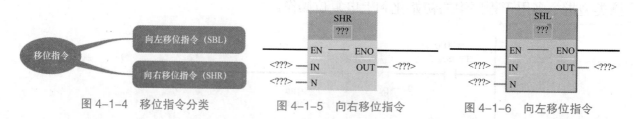

图 4-1-4　移位指令分类　　　图 4-1-5　向右移位指令　　　图 4-1-6　向左移位指令

下面以向右移位指令为例来讲解该类指令的使用方法。可以使用"右移"指令将输入 IN 中操作数的内容按位向右移位，并在输出 OUT 中查询结果。参数 N 用于指定将指定值移位的位数。当参数 N 的值为"0"时，输入 IN 的值将复制到输出 OUT 中的操作数中。如果参数 N 的值大于可用位数，则输入 IN 中的操作数值将向右移动可用位数个位。

无符号值移位时，用零填充操作数左侧区域中空出的位。如果指定值有符号，则用符号位的信号状态填充空出的位。

图 4-1-7 说明了如何将整数数据类型操作数的内容向右移动 4 位。

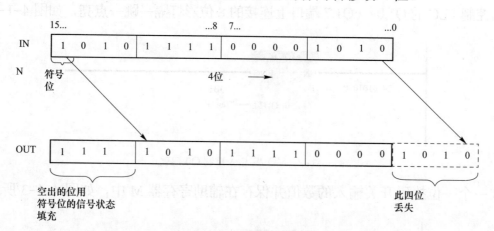

图 4-1-7　将整数数据类型操作数的内容向右移动 4 位

移位指令使用的注意事项：

（1）移动的位数 N 为 0 时不会发生移位，而 IN 指定的输入值会被复制输入到 OUT 指定的地址中。

（2）如果移动的位数 N 大于被移位的存储单元的位数，IN 指定的输入值将被全部移出，此时该存储单元全部被 0 或符号位填充。

（3）移位指令支持多种数据类型，如图 4-1-8 所示，在指令的输入端 IN 和输出端 OUT 处的寄存器应

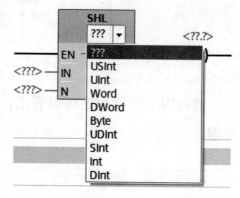

图 4-1-8　移位指令支持的几种数据类型

与指令设定的数据类型保持一致。

知识拓展：

（1）移位的位数 N 设为 0 时不发生位移，而是将 IN 端地址中的数据直接复制给 OUT 端指定的地址；移位的位数 N 大于设定存储器的范围时，数据全部被移出并用 0 取代。ENO 输出始终为 1。

（2）如果移位指令的 IN 与 OUT 指定的是不同寄存器地址，无论 EN 端连接的是常开触点┤├还是检测信号上升沿指令┤P├，移位指令只执行一次，与 EN 通电时间的长短和次数无关。

（3）如果移位指令的 IN 与 OUT 端指定的是相同地址，每执行一次移位指令，结果都会送回原地址，移位指令的 EN 端需要接检测信号上升沿┤P├指令，如果接常开触点，在┤├得电的一个周期内，移位指令会执行多次导致执行结果不正确。

小任务： PLC 的 I0.0、I0.1 分别外接 1 个点动按键，按下 I0.0，将 MB10 中存储的数据左移 2 位送到 MB20 中，每按下 I0.1 一次，都将 MW100 中原有的数据左移动 1 位并送到 MW300 中。

任务分析： 将 MB10 中存储的数据左移 2 位送到 MB20 中，实现此功能应选择左移位指令 SHL，注意选择的数据类型为 Byte，因为只要求移动一次数据，所以 SHL 指令的使能端 EN 可接检测信号上升指令也可接常开触点，如图 4-1-9 所示。

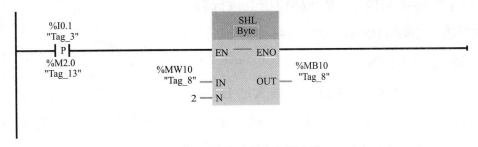

图 4-1-9 左移指令应用示例

每按下 I0.1 一次，都将 MW100 中原有的数据右移动 1 位并送到 MW300 中，要求每按下一次 I0.2 外接的按键，都要触发一次 SHL 指令，所以指令的 IN 端和 OUT 端应设置为同一地址，如图 4-1-10 所示。

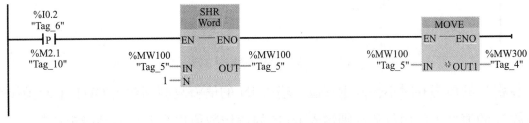

图 4-1-10 右移指令应用示例

知识点 3：循环移位指令

1. 循环右移指令 ROR

循环右移指令将输入端 IN 端地址的内容按位向右循环移位，并传输到输出端 OUT 指定的地址中。参数 N 用于指定循环移位中移动的位数。用移出的位填充因循环移位而空出的位。

当参数 N 的值为 0 时不会发生移位，输入 IN 的值将复制到输出 OUT 中的操作数中。如果参数 N 的值大于可用位数，则输入 IN 中的操作数值仍会循环移动指定位数。

图 4-1-11 说明了如何将 Byte 数据类型操作数的内容向右循环移动 2 位。

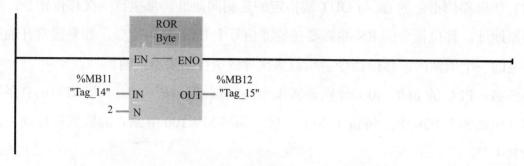

图 4-1-11　将 Byte 数据类型操作数的内容向右循环移动 2 位

MB11 中的数据 2#11000000 整体向右移动 2 位，其中 M11.0 和 M11.1 向右移出，M11.0 转存到 M12.6，M11.1 转存到 M12.7，循环移位指令执行后 MB12 中的数据为 2#00110000，如图 4-1-12 所示。

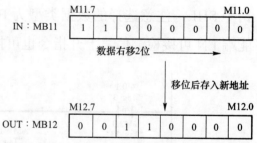

图 4-1-12　寄存器 MB11 执行程序前后数值

2. 循环左移指令 ROL

循环左移指令（见图 4-1-13）将输入端 IN 端地址的内容按位向左循环移位，并传输到输出端 OUT 指定的地址中。参数 N 用于指定循环移位中移动的位数。用移出的位填充因循环移位而空出的位。

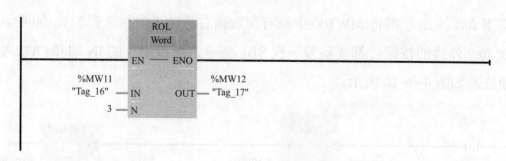

图 4-1-13　循环左移指令 ROL

当参数 N 的值为 0 时不会发生移位，输入 IN 的值将复制到输出 OUT 中的操作数中。如果参数 N 的值大于可用位数，则输入 IN 中的操作数值仍会循环移动指定位数。

小任务：两个点动按键 KR 和 KL 分别接 PLC 的 I0.0 和 I0.1 口，输出 Q0.0 ～ Q0.7 接 8 个发光二极管，按动 KR 发光二极管向左移位循环显示，按动 KL 发光二极管向右移位循环显示，每次只有一个发光二极管点亮，每 1 s 移动 1 位，硬件接线如图 4-1-14 所示。

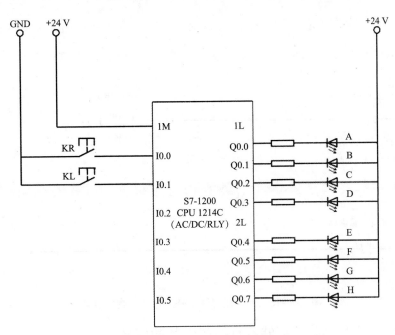

图 4-1-14　PLC 外部接线

任务分析：设置如下 4 个函数功能块，这样在后期需要改变流水灯的闪烁花样及时间变化时只需要修改对应的函数功能块即可。

FC1：1 s 脉冲功能块，每 1 s 发出一个脉冲信号，用于控制流水灯的闪烁时间。

FC2：共用程序功能块，用于给流水灯赋初始值，在这里选择赋值 2#00000001 表示每次只有一个二极管被点亮。

FC3：左移位功能块，使用循环左移指令，启动条件是 KL 按下。

FC4：右移位功能块，使用循环右移指令，启动条件是 KR 按下。

请读者根据以上思路分析并编写 PLC 程序。

知识点 4：特定脉冲频率信号的应用

在很多工业场合中，经常用 LED 按一定的频率闪烁来实现信号指示功能，如红灯闪烁表示报警，黄灯闪烁表示设备处于准备状态等。

小任务：当 Q0.0 外接一个 LED 发光二极管作为信号指示灯，要求 PLC 系统上电后 LED 灯以 1 Hz 频率闪烁。

任务分析：如何实现 LED 灯的闪烁效果呢？通常使用以下两种方法。

方法一：两个定时器交替工作产生脉冲信号，如图 4-1-15 所示。

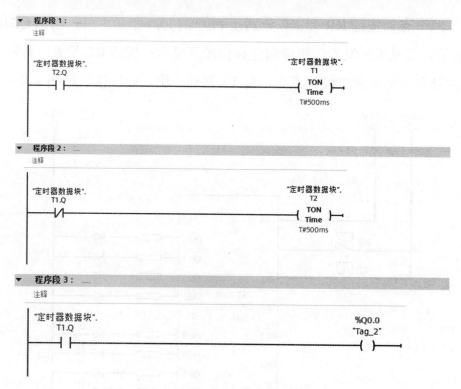

图 4-1-15   两个定时器交替工作产生脉冲信号

方法二：使用系统时钟脉冲存储器直接产生脉冲信号。

在 S7-1200 PLC 程序中除了使用两个定时器来产生脉冲信号，还可以应用 PLC 的系统和时钟存储器来产生特定频率的脉冲信号。时钟存储器的设置和使用步骤如下（见图 4-1-16）：

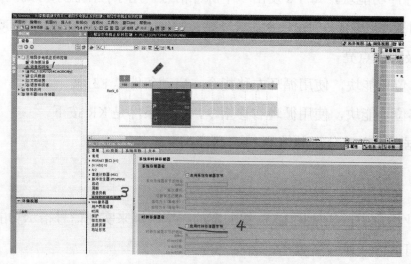

图 4-1-16   使用系统和时钟存储器直接产生脉冲信号

（1）在博图项目文件中双击"设备和网络"选项。

（2）双击 PLC 的 CPU 图标，下方将弹出该 PLC 的属性窗口。

（3）在属性窗口左侧目录中双击"系统和时钟存储器"选项。

（4）勾选启用时钟存储器字节将其激活。

（5）如图 4-1-17 所示，可以看到 PLC 中支持几种特定频率的时钟存储器，需要选用的是 1 Hz 的时钟存储器，其默认地址为 M0.5。

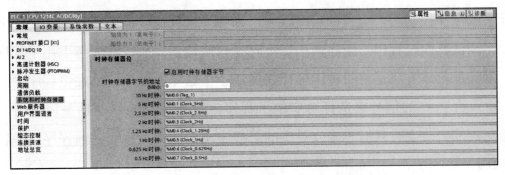

图 4-1-17　PLC 中支持几种特定频率的时钟存储器

（6）在程序中只需调用该存储器就可以产生 1 Hz 的脉冲信号，编写 PLC 梯形图程序，如图 4-1-18 所示。

```
▼  程序段 1：……
    注释

        %M0.5                                        %Q0.0
      "Clock_1Hz"                                    "Tag_1"
        ──┤ ├──────────────────────────────────────( )──
```

图 4-1-18　产生脉冲信号的 PLC 程序

这种方式的优点是程序结构简单，使用方便；缺点是产生的时钟脉冲频率是固定的。

任务布置

一个花样广告灯由 6 个点动按钮和 8 个发光二极管组成，要求按下按钮会切换到相应的花式闪烁，详细要求如表 4-1-1 所示。

S7-1200 PLC 控制的
花样广告灯

表 4-1-1　按钮类型及功能

类型	切换按钮	实现花式
复位	S0	在任意花式中按下 S0，立即停止显示
花样 1	S1	A 灯点亮 5 s 后自动熄灭，之后 B 灯以 1 Hz 频率一直闪烁
花样 2	S2	A 灯和 B 灯以 2 Hz 频率交替闪烁
花样 3	S3	由 A 灯向 H 灯以 1 s 间隔依次点亮，再由 H 灯向 A 灯以 1 s 间隔依次熄灭，循环显示
花样 4	S4	由 A 灯向 H 灯方向以 10 Hz 频率实现流水灯效果，循环显示
花样 5	S5	A 灯先以 1 Hz 频率闪烁 5 次，再以 10 Hz 频率闪烁 10 次，循环显示

任务实施

1. 任务分析

该任务总体功能比较复杂，要求实现LED灯多种花式的变换，如果使用以前学习的经验设计法或顺序控制法，编程的难度较大，则容易出现重复输出线圈的错误。尤其是在后期的程序调试修改过程中，条序烦琐，不容易修改错误。所以首先考虑用子程序的方式进行编程设计，具体方法是将每种闪烁样式做成一个独立的程序块，在主程序中通过按键S1～S5输入给PLC的信号来选择对应的子程序。这样编程的好处是条理清晰，且在某一种闪烁花式发生改变时只需要修改对应的子程序块，而无须改变其他程序，编程工作量小，效率高。

2. I/O 地址分配表

该系统共有6个输入、8个输出，I/O地址分配如表4-1-2所示。

表4-1-2　I/O 地址分配表

输入部分			输出部分		
变量名称	器件类型	对应地址	变量名称	器件名称	对应地址
S0	点动按键	I0.0	A	发光二极管	Q0.0
S1	点动按键	I0.1	B	发光二极管	Q0.1
S2	点动按键	I0.2	C	发光二极管	Q0.2
S3	点动按键	I0.3	D	发光二极管	Q0.3
S4	点动按键	I0.4	E	发光二极管	Q0.4
S5	点动按键	I0.5	F	发光二极管	Q0.5
			G	发光二极管	Q0.6
			H	发光二极管	Q0.7

按照I/O分配表设置PLC变量，在Portal V13软件中设置PLC变量表。

3. 硬件接线图

按照任务控制要求和I/O地址分配表画出硬件接线图并插接导线，如图4-1-19所示。

4. 编写梯形图程序

重点难点详解：这个任务有5种不同的闪烁花式，而在5种花式中输出端口均为Q0.0～Q0.7，如果把所有花式的程序都编写在主程序块OB1中，则难免出现输出地址重复的情况，这样编程十分烦琐。再分析整个任务要求，发现5种花样是分别由5个点动按键控制切换的，在任一个时刻只有一种花式闪烁。所以可以采用子程序的方法，每按下一个按键就启动对应的花式子程序，同时断开其他花式子程序，这样每种花式互不干扰，就避免了出现输出地址重复的情况。程序整体结构也更加清晰明了，模块化的程序还能保证在某种花式要求改变时，只需改变这个子程序模块，而无须修改整个程序。

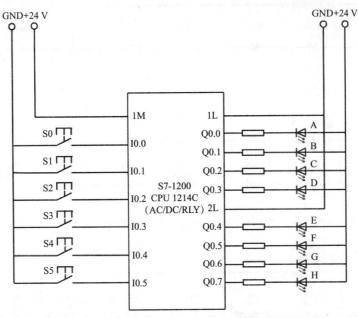

图 4-1-19　CPU 外部接线

程序编写步骤：

（1）在程序块中添加 5 个函数 FC，生成 5 个子程序并命名花样 1～花样 5，如图 4-1-20 所示。

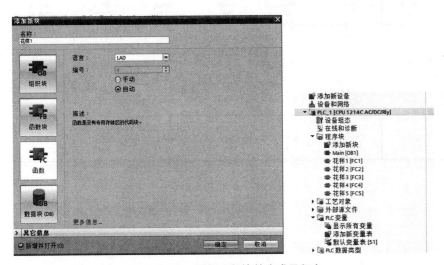

图 4-1-20　添加函数块并生成子程序

（2）在 MAIN 主程序块中编写控制子程序切换的程序，这里采用典型的启保停结构，如图 4-1-21 所示。

5. 任务验收

各组学生在教师监督指导下进行互评，并由组长填写验收记录单。

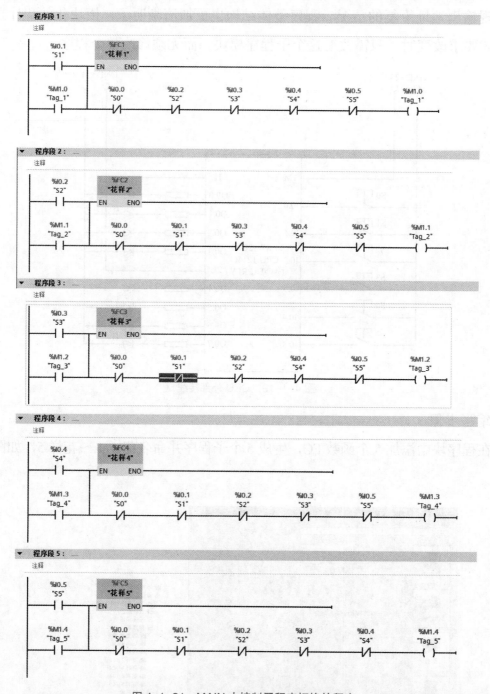

图 4-1-21 MAIN 中控制子程序切换的程序

每课一句小古文：

"道人善，即是善。人知之，愈思勉。扬人恶，即是恶。疾之甚，祸且作。"

赞美他人的善行，就是行善。当对方听到你的称赞之后，必定会更加勉励行善。宣扬他人的过失或缺点，就是做了一件坏事。如果指责批评太过分了，还会给自己招来灾祸。就像移动指令一样，给程序积极向上的内容，那么程序就会展现绚丽多彩的一面，像流水灯一样漂亮。

任务4-2　邮件自动分拣机控制

知识目标:

1. 学会比较指令的功能和使用方法。

2. 学会拨码开关的使用方法及PLC控制方法。

3. 能灵活运用比较指令进行综合项目设计。

技能目标:

1. 能够根据任务要求制订任务计划,并能合理高效地实施任务。

2. 能够借助网络媒体查阅资料,理解新知,独立解决任务中的问题。

3. 能够完成邮件自动分拣机控制系统的编程与调试。

情感目标:

1. 培养善于独立思考、交流沟通的协作能力。

2. 培养学习兴趣,树立积极乐观的学习态度。

3. 树立自信心,增强克服困难的意志,养成和谐和健康向上的品格。

4. 使学生理解"将加人,先问己。己不欲,即速已。恩欲报,怨欲忘。抱怨短,报恩长"的为人之道。

情景引入:

现今物流行业迅猛发展,快递公司和邮局每天会汇集来自全国各地数以亿计的邮件,这些邮件经过识别后会以不同的地域进行分类,再散发到目的地。邮件的自动分拣一直是决定物流速度的核心技术问题,如何自动识别邮件的编码并自动进行分拣呢?本节课通过学习S7-1200的比较指令、拨码卡关的结构来完成一个PLC控制的自动邮件分拣系统。

任务资讯

知识点1: PLC与拨码开关的连接

如果PLC控制系统中的某些数据需要经常修改,可使用多位拨码开关与PLC连接,在 PLC 外部进行数据设定。图 4-2-1 所示为 1 位拨码开关的结构示意图，一位拨码开关能输入 1 位十进制数的 0～9，或 1 位十六进制数的 0～F。

　　如图 4-2-2 所示，4 位拨码开关组装在一起，把各位拨码开关的 COM 端连在一起，接在 PLC 输入侧的 COM 端子上。每位拨码开关的 4 条数据线按一定顺序接在 PLC 的 4 个输入点上。由图 4-2-2 可见，使用拨码开关要占用许多 PLC 输入点，所以不是十分必要的场合，一般不要采用这种方法。

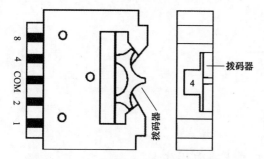

图 4-2-1　1 位拨码开关的结构示意图

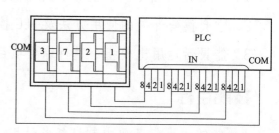

图 4-2-2　4 位拨码开关与 PLC 的连接

　　小任务：将一个 2 位拨码开关连接 PLC，读取拨码开关的数值并转换为十进制整数存储在地址 MB50 中。

　　任务分析：

　　（1）将代表个位数拨码开关的 4 位输入信号赋值给 M20.0～M20.3，如图 4-2-3 所示。

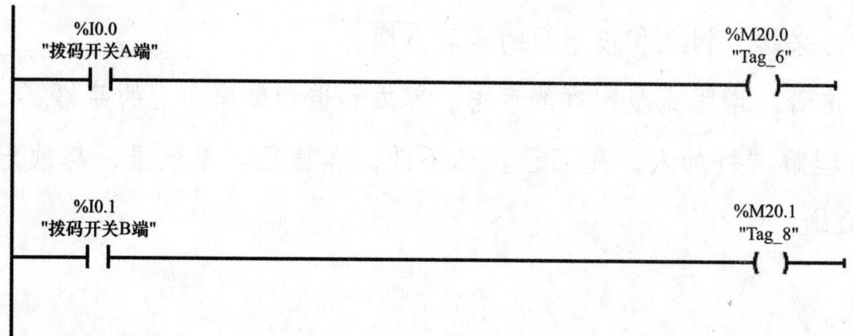

```
  %I0.0                                                         %M20.0
"拨码开关A端"                                                    "Tag_6"
    | |─────────────────────────────────────────────────────────( )─

  %I0.1                                                         %M20.1
"拨码开关B端"                                                    "Tag_8"
    | |─────────────────────────────────────────────────────────( )─

  %I0.2                                                         %M20.2
"拨码开关C端"                                                    "Tag_10"
    | |─────────────────────────────────────────────────────────( )─

  %I0.3                                                         %M20.3
"拨码开关D端"                                                    "Tag_12"
    | |─────────────────────────────────────────────────────────( )─
```

图 4-2-3　将个位数拨码开关信号存入

　　（2）将代表十位数拨码开关的 4 个输入信号赋值给 M30.0～M30.3，如图 4-2-4 所示。

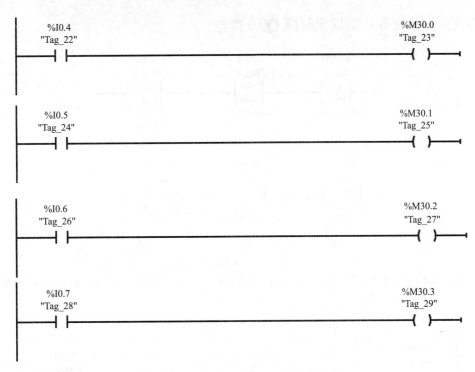

图 4-2-4　将十位数拨码开关信号存入

（3）将 MB30 中的数据乘 10 再与 MB20 中的数据相加，得到结果为拨码开关表示的十进制数值并将计算结果存储于地址 MB50 中，如图 4-2-5 所示。

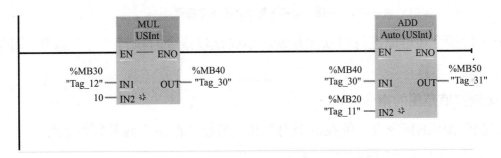

图 4-2-5　将拨码开关信号转换为十进制数

知识点 2：比较指令

比较指令共分为两大类，包括比较数值大小的指令和比较数值范围的指令。

1. 比较数值大小的指令

比较数值大小的指令有等于、不等于、大于或等于、小于或等于、大于、小于 6 种判断条件。这类指令均有两个操作数 IN1 与 IN2，可以是位字符串、整数、浮点数、字符串、TIME、DATE、TOD、DTL。图 4-2-6 所示分别为 6 种比较指令的应用举例。

如图 4-2-6 所示，指令符号的上下各有一个占位符，分别用来填写操作数 1 和操作数 2，操作数可以是地址或常数，但必须是相同的数据类型。当操作数 1 与操作数 2 进行比较，满足比较条件时，输出端为 1，反之输出端为 0。例如图 4-2-7 中，地址 MB20 与

MB30 中的数值如果相等，则输出线圈 Q0.0 得电。

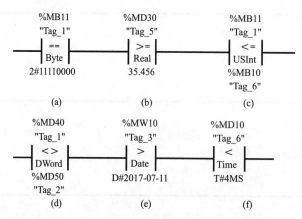

图 4-2-6　比较数值大小指令

（a）等于指令；（b）大于或等于指令；（c）小于或等于指令；（d）不等于指令；（e）大于指令；（f）小于指令

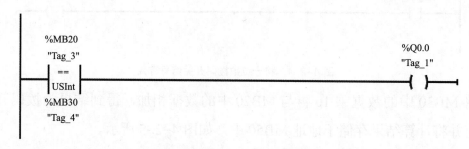

图 4-2-7　等于比较指令应用

多个比较指令还可以进行串联和并联，串联比较指令时执行"与"运算，并联比较指令时执行"或"运算。

2. 比较数值范围的指令

比较数值范围的指令有"值在范围内"和"值超出范围"两种判断条件。

1）值在范围内（IN_RANGE）指令

表示符号如图 4-2-8 所示，用来比较输入参数是否在设定的数值范围之内，如果输入参数在设定参数范围内，则使能端有能流输出。如气动设备的压力在允许范围内时，绿色指示灯亮，表示设备处于正常工作状态。

在该指令名称下面，如图 4-2-9 所示，单击〈???〉会显示数据类型下拉列表，该指令支持的数据类型为整数和浮点数。

指令功能框共有 5 个端口：

① IN_RANGE 指令框左侧为使能端，当有能流通过时，该指令执行。

②使能输出端 VAL 值在设定范围内时输出为 1，反之为 0。

③输入 MIN 用来指定比较范围的下限。

④输入 MAX 用来指定比较范围的上限。

⑤输入 VAL 为用户输入的比较值。

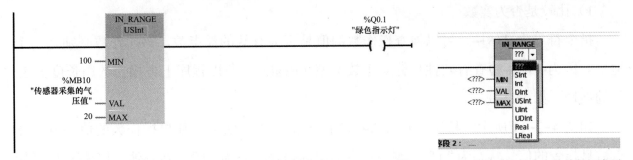

图 4-2-8　值在范围内（IN_RANGE）指令符号　　　图 4-2-9　IN_RANGE 指令支持的数据类型

VAL、MIN、MAX 这三个端口输入的值既可以是地址也可以是常数，需要注意的是在进行比较操作时，MIN、MAX 和 VAL 的值必须与设置的数据类型匹配，否则在输入指令时会报错。

IN_RANGE 指令工作原理：将输入 VAL 的值与输入 MIN 和 MAX 的值进行比较，并将结果发送到功能框输出中。如果输入 VAL 的值满足 $MIN <= VAL$ 且 $VAL <= MAX$ 的比较条件，则功能框输出的信号状态为"1"。如果不满足比较条件，则功能框输出的信号状态为"0"。

2）值超出范围（OUT_RANGE）指令

表示符号如图 4-2-10 所示，该指令的各端口及所支持的数据类型与 IN_RANGE 指令相同，用来比较设定的参数是否在设定范围内，如超出范围使能端有能流输出。例如将温度传感器采集的当前温度值存入地址 MD40 中，如果当前温度值超出了安全的温度范围，报警指示灯亮。

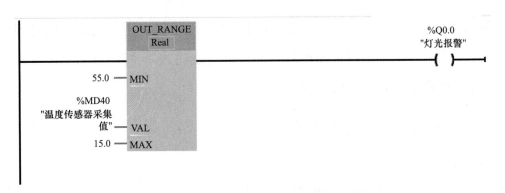

图 4-2-10　值超出范围（OUT_RANGE）指令符号

OUT_RANGE 指令工作原理：将输入 VAL 的值与输入 MIN 和 MAX 的值进行比较，并将结果发送到功能框输出中。如果输入 VAL 的值满足 $VAL<=MIN$ 或 $VAL>= MAX$ 的比较条件，则功能框输出的信号状态为"1"。如果不满足比较条件，则功能框输出的信号状态为"0"。

3. 检查有效性的指令

1）比较是否为实数

指令符号为 ─┤OK├─，可以检查操作数的值是否为有效的浮点数，该操作数必须是一个地址。因为 ─┤OK├─ 检查有效性只针对实数类型（Real），所以程序上方操作数用长度为 32 位的地址，如 MD40。

如图 4-2-11 所示，检查地址 MD40 中的数值是否为实数，如果操作数的值是有效浮点数且指令的信号状态为"1"，则该指令输出的信号状态为"1"。在其他任何情况下，"检查有效性"指令输出的信号状态都为"0"。

```
   %MD10                                    %Q0.0
   "Tag_1"                                  "Tag_2"
  ──┤ OK ├──────────────────────────────────(  )──
```

图 4-2-11 比较是否为实数指令举例

2）比较是否为非实数

指令符号为 ─|NOT_OK|─，可使用该指令检查操作数的值是否为无效的浮点数。该指令符号如图 4-2-12 所示。

```
   %MD10                                    %Q0.0
   "Tag_1"                                  "Tag_2"
  ──┤ NOT_OK ├──────────────────────────────(  )──
```

图 4-2-12 比较是否为非实数指令举例

可以同时使用"检查有效性"指令和 EN 机制。如果将该指令功能框连接到 EN 使能输入，则仅在值的有效性查询结果为正数时才置位使能输入。使用该功能，可确保仅在指定操作数的值为有效浮点数时才启用该指令。

知识点 3：PLC 常用的数据类型

1. 常用的数据类型

数据类型用来描述数据的长度和属性，即用于指定数据元素的大小及如何解释数据，每个指令至少支持一个数据类型，而部分指令支持多种数据类型。因此指令上使用的操作数的数据类型必须和指令所支持的数据类型一致，所以在建立变量的过程中，需要对建立的变量分配相应的数据类型，如表 4-2-1 所示。

在 TIA Portal 中设计程序时，用于建立变量的区域：变量表、DB 块、FB 块、FC 块、OB 块的接口区，但并不是所有数据类型对应的变量表都可以在这些区域中建立。S7-1200

PLC 中所支持的数据类型分为基本数据类型、复杂数据类型、参数数据类型、系统数据类型、硬件数据类型及用户自定义数据类型。

表 4-2-1　PLC 常用的数据类型

名称	数据类型	大小 /bit	范围	常量输入实例
无符号整型 （位或位系列）	Bool	1	$0 \sim 1$	TRUE，FALSE，0.1
	Byte	8	$16\#00 \sim 16\#FF$	16#12，16#AB
	Word	16	$16\#0000 \sim 16\#FFFF$	16#ABCD，16#1234
	DWord	32	$16\#00000000 \sim 16\#FFFFFFFF$	16#1234ABCD
	Char	8	$16\#00 \sim 16\#FF$	'A'，'T'，'@'
整形位数	Sint	8	$-128 \sim 127$	100，-100
	Int	16	$-32\ 768 \sim 32\ 767$	1 000，$-1\ 000$
	DInt	32	$-2\ 147\ 483\ 648 \sim 2\ 147\ 483\ 647$	100 000，12 342 354
	USInt	8	$0 \sim 255$	123
	UInt	16	$0 \sim 65\ 535$	123
	UDInt	32	$0 \sim 4\ 294\ 967\ 295$	1 234
浮点数 （实数）	Real	32	$\pm 1.175\ 495 \times 10^{38} \sim \pm 3.402\ 823 \times 10^{38}$	123.456，-3.4×10^{-2}
	LReal	64	$\pm 2.225\ 073\ 858\ 507\ 201\ 4 \times 10^{38} \sim$ $\pm 1.797\ 693\ 134\ 862\ 315\ 8 \times 10^{38}$	12 345.123 456 7

（1）基本数据类型：是 PLC 编程中最常用的数据类型，通常把占用存储空间 64 个二进制位以下的数据类型称为基本数据类型，包括位、位系列、整数、浮点数、日期 & 时间、字符。

（2）无符号整数型：位（Bool）、字节（Byte）、字（Word）、双字（DWord）及字符（Char）。

（3）整数数据类型：整数类型分为有符号整数和无符号整数。

①有符号整数：短整数型（SInt）、整数型（Int）和双整数型（DInt）。

②无符号整数：无符号短整数型（USInt）、无符号整数型（UInt）、无符号双整数型（UDInt）。

2. 整数数据类型存储

所有整数的数据类型表示符号都有 INT，符号带 S 的表示短整数型，带 D 的表示双整数型，带 U 的表示无符号整数，符号中不带 S 或 D 的表示整型，不带 U 的表示有符号整数型。

整数有正整数和负整数，整数存储器中的最高位表示符号位，最高位为 0 表示正整数，最高位为 1 则表示负整数。

如图 4-2-13 所示，数值 5 和 -5 分别存在 MB100 中，MB100 的数据类型为 SINT。

MB100	M100.7	M100.6	M100.5	M100.4	M100.3	M100.2	M100.1	M100.0
	0	0	0	0	0	1	0	1

MB100	M100.7	M100.6	M100.5	M100.4	M100.3	M100.2	M100.1	M100.0
	1	1	1	1	1	0	1	1

注：负数在PLC中以补码的形式进行存储

符号位

图 4-2-13 数值 5 和 -5 分别存在 MB100 中

3. 实数数据类型的存储

实数又称为浮点数，有单精度（32 位）浮点数和双精度（64 位）浮点数；单、双精度浮点数在表示方式上除了存储空间不一样之外，存储方式都是一样的。32 位单精度浮点数中，最高位为浮点数的符号位，正浮点数为 0，负浮点数为 1，如图 4-2-14 所示。

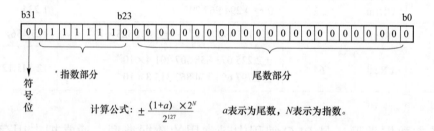

符号位　　　指数部分　　　　尾数部分

计算公式：$\pm \dfrac{(1+a) \times 2^N}{2^{127}}$　　a 表示为尾数，N 表示为指数。

对于双精度浮点数：最高位为符号位（63），指数部分（52~62），尾数部分（0~51）

图 4-2-14 实数的存储格式

4. 时间和日期数据类型的存储

时间和日期数据类型主要包括 Time、日期、Time_OF_Day 和 DTL 4 种类型，其大小和取值范围如表 4-2-2 所示。

表 4-2-2 时间和日期数据类型

名称	数据类型	大小 /bit	范围	常用输入实例
时间和日期数据类型	Time	32	T#-24d_20h_31m_23s_648ms~ T#-24d_20h_31m_23s_647ms	T#50m_30s T#1d_2h_15m_30s_45ms
	日期	16	D#1990-1-1 到 D#2168-12-31	D#2017-11-11
	Time_OF_Day	32	TOD#0:0:0~TOD#23:59:59.999	TOD#10:20:30.400
	DTL（长格式日期和时间）	32 个字节	最小：DTL#1970-01-01-00:00:00.0 最大：DTL#2262-04-11-23:47:16.854	DTL#2017-11-11-10:20:30.400

时间数据类型 TIME 主要用于定时器的设置，为 32 位的有符号双整数，其单位为 MS。日期数据类型 Date 用于指定日期，为 16 位的无符号整数。

DTL 数据类型使用 12 个字节的结构来保存日期和时间信息，12 个字节中含年、月、日、星期、时、分、秒和纳秒，主要用于对系统时钟的设置和读取。DTL 的每一部分均含有不同的数据类型和取值范围，指定值的数据类型必须与相应的数据类型一致。可在全局数据块或块的接口区定义，不能在变量表中定义。DTL 数据类型的存储格式如表 4-2-3 所示。

表 4-2-3　DTL 数据类型的存储格式

Byte	组件	数据类型	值范围
0～1	年	UInt	1970～2554
2	月	USInt	1～12
3	日	USInt	1～31
4	星期	USInt	1（星期日）～7（星期六）
5	时	USInt	0～23
6	分	USInt	0～59
7	秒	USInt	0～59
8～11	纳秒	UDInt	0～999 999 999

任务布置

图 4-2-15 所示为邮件分拣机实验模块，由 1 位拨码开关、拨动开关和 LED 指示灯构成。1 位拨码开关模拟邮件的邮编号码，将检测到的邮编传送给 PLC。PLC 根据采集到的邮编号码将邮件分拣到对应地区的邮箱 1～5 中，如果出现无效的邮编则分拣机自动停机，指示灯报警。

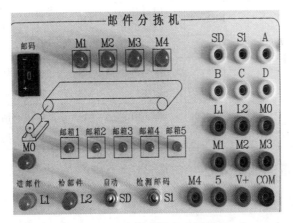

邮件分拣机控制
系统实验演示

图 4-2-15　邮件分拣机实验模块

任务实施

1. 任务分析

因整体控制要求比较复杂，建议采用经验设计法，将控制要求分解为以下 5 个阶段逐步完成：

阶段 1： 完成简单的拨码开关数值识别及分拣，将编码为 1 ~ 5 号的邮件分别分拣至对应的邮箱中，邮箱号码指示灯亮。如果编码超出有效范围，则不进行分拣且报警指示灯 L2 闪烁。

阶段 2： 添加启动开关 SD 和进邮件指示灯 L1，实现闭合开关 SD 时进邮件指示灯 L1 亮，断开开关 SD 系统停止运行。

阶段 3： 添加码检测邮码按钮 S1、检邮件指示灯 L2，实现闭合开关 S1 时才可以进行邮码识别，S1 断开时表示没有邮件，不进行识别分拣操作。

阶段 4： 添加电动机 M0，同时闭合开关 SD、S1，电动机 M0 启动，断开开关 SD、S1，电动机 M0 停止，当出现无效邮码时电动机 M0 自动停止。

阶段 5： 根据实验模块现象，结合博途平台在线监视功能对系统综合调试，排除程序逻辑错误，使之正确运行。

2. I/O 地址分配表

该系统共有 6 个输入和 8 个输出，I/O 地址分配如表 4-2-4 所示。

表 4-2-4　I/O 地址分配表

输入部分				输出部分			
器件名称	符号	作用	输入地址	器件名称	符号	作用	输出地址
启动按钮	SD	启动按钮	I0.0	绿灯	L1	进邮件指示灯	Q0.0
红外传感器	S1	检测有无邮件	I0.1	红灯	L2	检邮件指示灯	Q0.1
邮码拨码开关	A 端	模拟检测邮编号码	I0.2	电动机指示灯	M0	代表传送带电动机启动	Q0.2
	B 端		I0.3	指示灯	M1	邮箱 1 指示灯	Q0.3
	C 端		I0.4	指示灯	M2	邮箱 2 指示灯	Q0.4
	D 端		I0.5	指示灯	M3	邮箱 3 指示灯	Q0.5
				指示灯	M4	邮箱 4 指示灯	Q0.6
				指示灯	M5	邮箱 5 指示灯	Q0.7

在博途软件中设置 PLC 变量，如图 4-2-16 所示。

3. 硬件接线图

硬件接线图如图 4-2-17 所示。

4. 编写梯形图程序

阶段 1：

实现邮件检测分拣基本功能，将 1 位拨码开关的 4 个输入端信号分别复制给 M20.0 ~ M20.3，运用比较指令检测邮件编码是否为 1 ~ 4，如果是则分拣至相应的邮箱。如果邮件编码超出 1 ~ 4 号的范围，则邮件被分拣至 5 号邮箱。实现该功能的梯形图程序如图 4-2-18 所示。

默认变量表

	名称	数据类型	地址	保持	在 H...	可从 ...
1	SD	Bool	%I0.0	☐	☑	☑
2	S1	Bool	%I0.1	☐	☑	☑
3	A	Bool	%I0.2	☐	☑	☑
4	B	Bool	%I0.3	☐	☑	☑
5	C	Bool	%I0.4	☐	☑	☑
6	D	Bool	%I0.5	☐	☑	☑
7	L1	Bool	%Q0.0	☐	☑	☑
8	L2	Bool	%Q0.1	☐	☑	☑
9	M0	Bool	%Q0.2	☐	☑	☑
10	M1	Bool	%Q0.3	☐	☑	☑
11	M2	Bool	%Q0.4	☐	☑	☑
12	M3	Bool	%Q0.5	☐	☑	☑
13	M4	Bool	%Q0.6	☐	☑	☑
14	M5	Bool	%Q0.7	☐	☑	☑
15	存储拨码开关A口状态	Bool	%M20.0	☐	☑	☑
16	存储拨码开关B口状态	Bool	%M20.1	☐	☑	☑
17	存储拨码开关C口状态	Bool	%M20.2	☐	☑	☑
18	存储拨码开关D口状态	Bool	%M20.3	☐	☑	☑
19	存储拨码开关数值	USInt	%MB20	☐	☑	☑
20	邮码无效标志	Bool	%M0.1	☐	☑	☑
21	邮码有效标志	Bool	%M0.2	☐	☑	☑

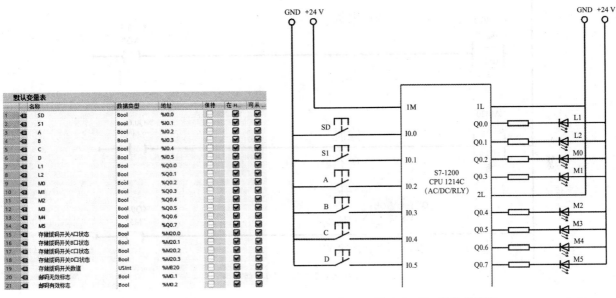

图 4-2-16　PLC 变量表

图 4-2-17　硬件接线图

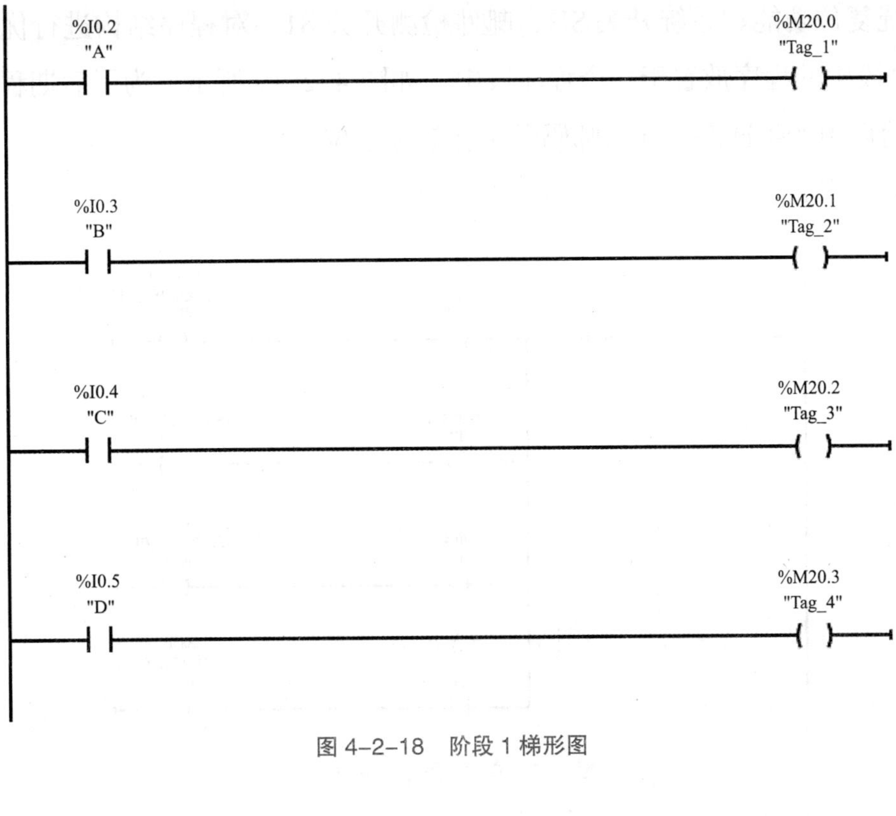

图 4-2-18　阶段 1 梯形图

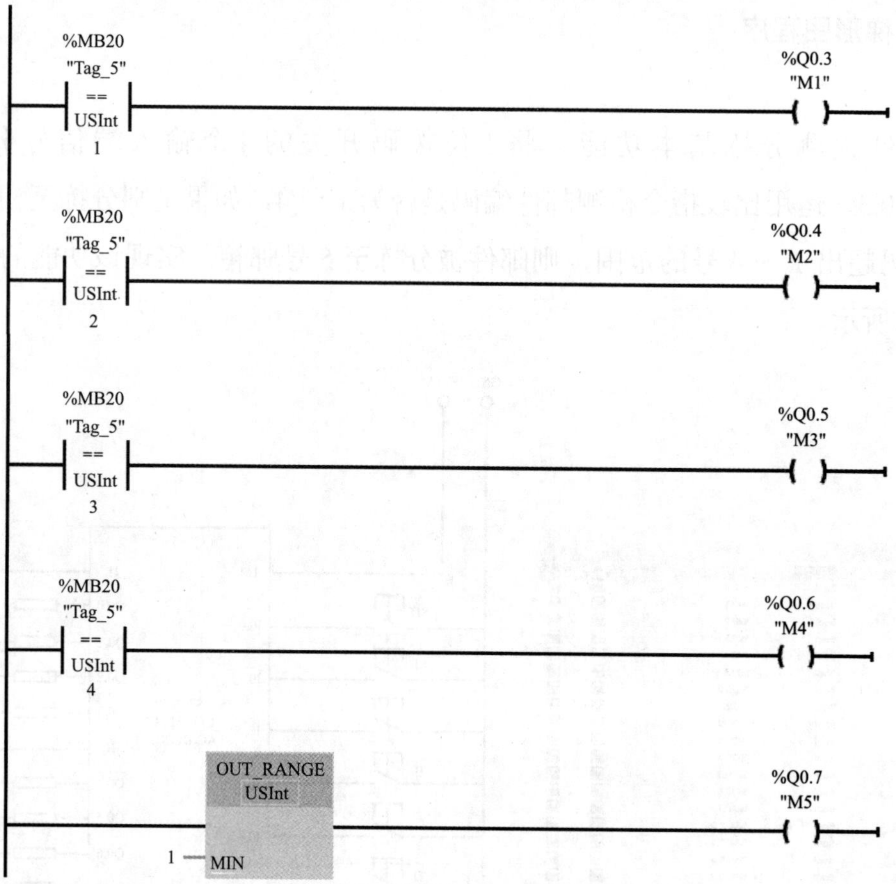

图 4-2-18   阶段 1 梯形图（续）

阶段 2：

加入系统复位功能、系统开关 SD、邮件检测开关 S1，对程序结构进行优化，将阶段 1 中多个程序段中的程序放置于一个程序段中，如图 4-2-19 所示。为了后期程序查找修改方便，程序前后不产生冲突，加入邮码是否有效标志位。

完整参考程序如图 4-2-20 所示。

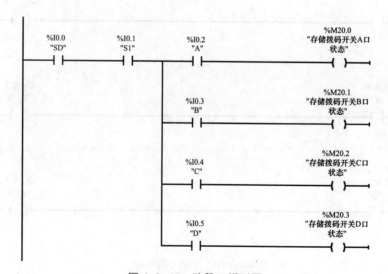

图 4-2-19   阶段 2 梯形图

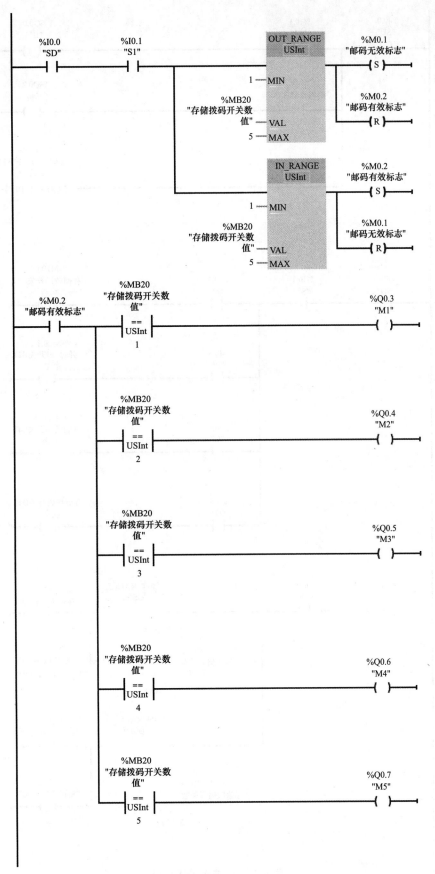

图 4-2-19　阶段 2 梯形图（续）

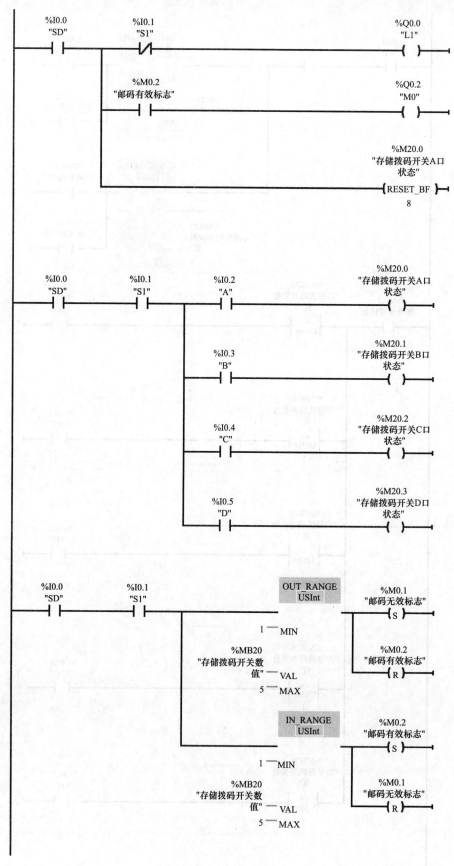

图 4-2-20　完整参考程序

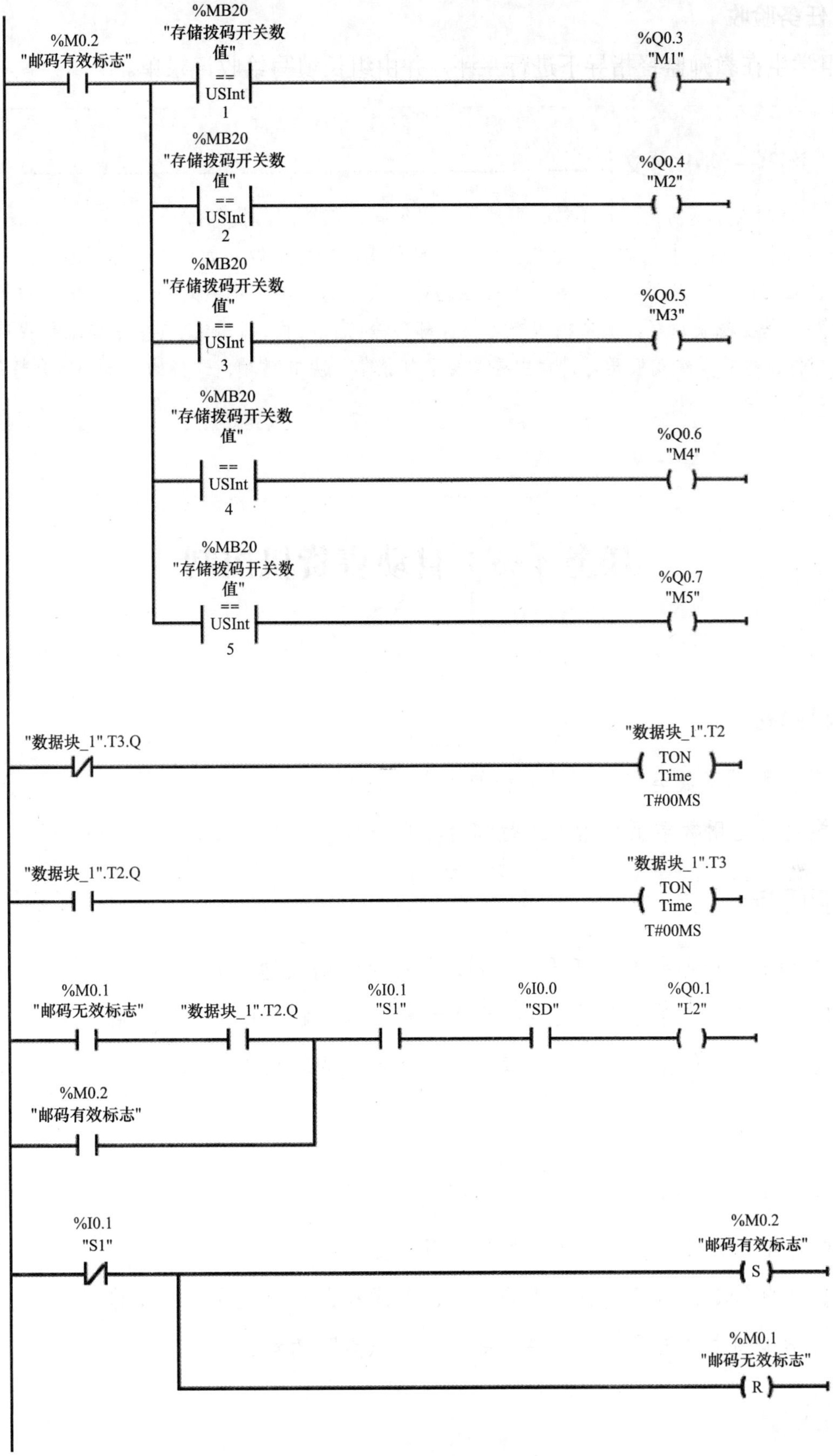

图 4-2-20　完整参考程序（续）

5. 任务验收

各组学生在教师监督指导下进行互评，并由组长填写给收记录单。

> **每课一句小古文：**
>
> "将加人，先问己。己不欲，即速已。恩欲报，怨欲忘。抱怨短，报恩长。"
>
>   准备要求别人去做的事，首先要问一句自己愿不愿意去做。如果自己都不愿意做的事，就应当立即停止。对别人的恩惠要思报答，对别人的怨恨要忘记。对别人的怨恨越短越好，对别人报恩要越长越好。其实做人有时候像邮件分拣机一样，按照比较指令要求寻找符合要求的邮件，也就是在我们学习过程中要学会取其精华，去其糟粕，这样的人生必定光辉灿烂。

任务 4-3   自动售货机控制

知识目标：

1. 学会数学函数类指令的功能和使用方法。
2. 能灵活运用数学函数指令进行综合项目设计。

技能目标：

1. 能够根据任务要求制订任务计划，并能合理高效地实施任务。
2. 能够借助网络媒体查阅资料，理解新知，独立解决任务中的问题。
3. 能够应用功能指令完成自动售货机控制系统的编程与调试。

情感目标：

1. 培养善于独立思考、交流沟通的协作能力。
2. 培养学习兴趣，树立积极乐观的学习态度。
3. 树立自信心，增强克服困难的意志，养成和谐和健康向上的品格。
4. 使学生树立"天才在于勤奋，知识在于积累"的意识。

情景引入：

自动售货机越来越受人们欢迎，贩卖的商品更是五花八门，几乎囊括了生活所需。从最开始的投币模式，到接受银行卡支付并连接互联网，自动售货机的运行方式变得多样。自动售货机可以识别投入钱币的面值、兑换同等价格的商品并自动找回零钱。本节课通过学习 S7-1200 的数学函数类指令来完成一个 PLC 控制的自动售货机。

知识点 1：递增指令（INC）和递减指令（DEC）

递增、递减指令，是对无符号或有符号整数分别进行自动增加或减小 1 个单位的操作，数据长度可以是字节、字或双字。指令的符号如图 4-3-1、图 4-3-2 所示。

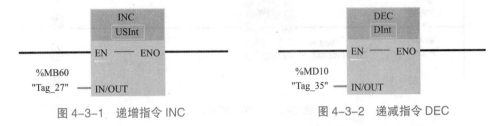

图 4-3-1   递增指令 INC   图 4-3-2   递减指令 DEC

如图 4-3-3 所示，单击 "???" 选项可选择数据类型，该指令支持的数据类型为各种整型变量，在输入 IN/OUT 变量的参数时应注意选用匹配的地址长度。

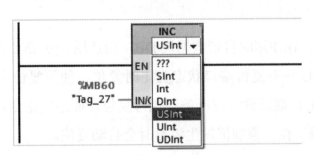

图 4-3-3   INC 指令支持的数据类型

指令各端口功能如下：

EN：使能输入端，使能输入 EN 的信号状态由 "0" 变为 "1" 时，执行 1 次递增或递减指令。

ENO：使能输出端，当使能输入 EN 为 1 时，ENO 输出为 1；当 EN 为 0 时，则 ENO 为 0。如果在执行期间未发生溢出错误，则使能输出 ENO 的信号状态也为 "1"。

IN/OUT：此端口填写一个地址可以是 I、Q、M、D、L，输出数据为递增（递减）后的数值。每执行一次递增（递减）指令，地址中的数值自动加 1（减 1）。

小任务：用一个点动按键作为 PLC 的输入信号，记录按键点动的次数并存储在 MB20 地址中。

任务分析：INC 指令可以用来检测 I0.0 按键动作的次数，应在 INC 的使能输入端接检测能流上升沿的 P_TRIG 指令，否则在 I0.0 状态为 1 的每一个循环扫描周期，MB20 都要被累加 1。梯形图程序如图 4-3-4 所示。

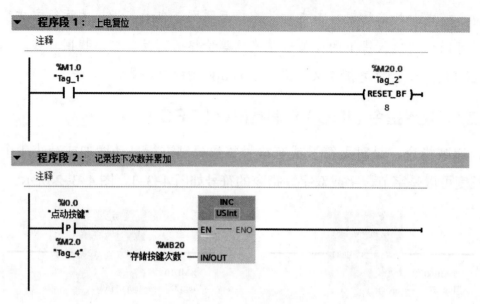

图 4-3-4   梯形图程序

知识拓展：递增指令 INC 与加计数器 CTU 的区别

累加器 INC 与加计数器 CTU 都具有数据累加的功能，但是二者在使用中有几点不同，需注意加以区分。

（1）加计数器 CTU 在使用时自带数据块 DB，而递增指令 INC 无数据块。

（2）加计数器 CTU 只有复位端口状态为 1 时复位，使用复位指令 RESET 无法对 CV 的输出值复位，可以在 R 端口设定逻辑条件执行复位。而递增指令需用复位指令对存储累加值的存储器进行区域复位，累加值发生溢出时会自动复位。

（3）加计数器 CTU 在执行时具有逻辑判断条件，即计数值 CV 等于设定值 PV 时有能流输出，而累计值不具有该功能。

（4）加计数器 CTU 的输出端 Q 在 CV 值小于 PV 值时始终为 0，CV 值大于等于 PV 值时始终为 1。递增指令 INC 的 ENO 只有在指令正确执行期间为 1。

（5）加计数器 CTU 前端（CU）可以连接常开触点和上升沿检测指令，而递增指令 INC 前端（EN）只能连接信号上升沿指令。

知识点 2：四则运算指令

四则运算指令包括加法指令 ADD、减法指令 SUB、乘法指令 MUL、除法指令 DIV 四种。

1. 加法指令 ADD

执行加法指令 ADD 将输入 IN1 的值与输入 IN2 的值相加，并将加得结果存储在 OUT 设定的寄存器中，如图 4-3-5、图 4-3-6 所示。

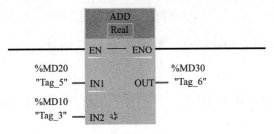

图 4-3-5　加法指令 ADD

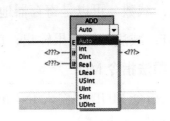

图 4-3-6　ADD 指令支持的数据类型

加法指令各端口的定义如下：

EN：使能输入端，EN 为 1 时执行加法指令，EN 为 0 时不执行。ENO：使能输出端，当指令正确执行期间使能输出端 ENO 为 1，指令结果超出输出 OUT 指定数据类型的允许范围或浮点数为无效值时 ENO 为 0。

IN1/IN2：要相加的数值，可以是寄存器的地址或常数，单击 ADD 指令下的星标可以扩展输入的数目。OUT：加法计算结果输出，IN1+IN2=OUT，OUT 端一般填写寄存器地址。

小提示：可以从指令框的"<???>"下拉列表中选择该指令的数据类型，当地址长度与数据类型不匹配时，会将输入数值隐式转换为指定的数据类型，编译不会报错，但运行过程中可能会出错，如图 4-3-7 所示。

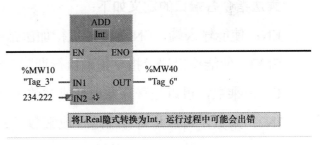

图 4-3-7　数据类型的选择

2. 减法指令 SUB

执行减法指令 SUB，将由被减数 IN1 的值减去减数 IN2 的值，并将结果存入 OUT 设定的寄存器地址中，如图 4-3-8、图 4-3-9 所示。

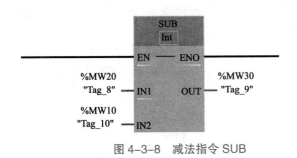

图 4-3-8　减法指令 SUB

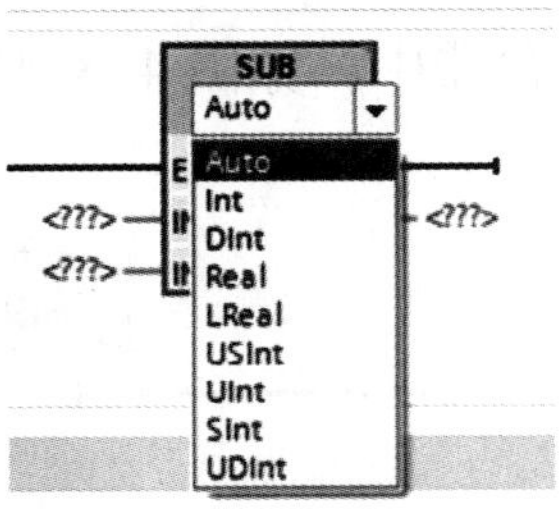

图 4-3-9　SUB 指令支持的数据类型

减法指令各端口的定义如下：

EN：使能输入端，EN 为 1 时执行减法指令，EN 为 0 时不执行。ENO：使能输出端，当指令正确执行期间使能输出端 ENO 为 1，指令结果超出输出 OUT 指定数据类型的允许范围或浮点数为无效值时 ENO 为 0。

IN1：被减数，可以是寄存器地址或常数。

IN2：减数，可以是寄存器地址或常数。

OUT：减法计算结果输出，IN1-IN2=OUT，OUT 端一般填写寄存器地址。

3. 乘法指令 MUL

乘法指令 MUL 将输入 IN1 的值与输入 IN2 的值相乘，并将乘积保存在输出 OUT 指定的寄存器中，如图 4-3-10、图 4-3-11 所示。

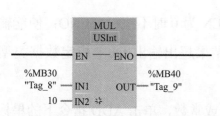

图 4-3-10　乘法指令 MUL

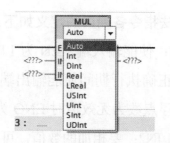

图 4-3-11　MUL 指令支持的数据类型

乘法指令各端口的定义如下：

EN：使能输入端，EN 为 1 时执行加法指令，EN 为 0 时不执行。

ENO：使能输出端，指令正确执行期间 ENO 输出为 1。

IN1：乘数，可以是寄存器地址或常数。

IN2：乘数，可以是寄存器地址或常数。

Inn：可以添加多个相乘的数。

OUT：输出乘积存入指定的寄存器中。

4. 除法指令 DIV

除法指令 DIV 将输入 IN1 的值除以输入 IN2 的值，并将除得的商保存在输出 OUT 指定的寄存器中，如图 4-3-12、图 4-3-13 所示。DIV 指令支持各种整型和实数型数据。

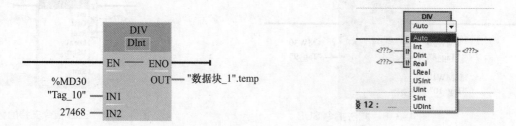

图 4-3-12　除法指令 DIV　　　　　　　图 4-3-13　DIV 指令支持的数据类型

除法指令各端口的定义如下：

EN：使能输入端，EN 为 1 时执行加法指令，EN 为 0 时不执行。

ENO：使能输出端，指令正确执行期间 ENO 状态为 1。

IN1：被除数，可以是寄存器地址、整数或浮点数，需要与所选数据类型匹配。

IN2：除数，可以是寄存器地址、整数或浮点数，需要与所选数据类型匹配。

OUT：商值，输出 OUT 为执行除法指令得到的商，数据类型为无符号整数，余数被省略不计。

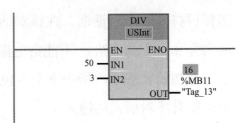

图 4-3-14　除法指令

小提示： 在使用除法指令 DIV 时，OUT 输出端为除得的商值，数据类型为无符号整型，余数被省略不显示，如果需要求余数需使用 MOD 指令，如图 4-3-14 所示。

小任务： 温度传感器将采集到的温度值转换为电压信号输入给 PLC，测量范围是 0～100 ℃；数值经过被 CPU 集成的模拟量通道 0（地址为 IW64）转换为 0～27 648 的数字，假设转换后的数字为 T，试求以℃为单位的温度值。

任务分析： 0～100 ℃的温度值经 A/D 转换后的数字为 0～27 648，设转换后得到的数字为 T，转换公式为

$$T = \frac{IW64}{27\ 648} \times 100$$

在编辑指令时，为了保证运算精度，应先乘后除。因为公式中 IW64 乘以 100 的运算结果可能会大于 16 位整数的最大值 32 767（IW64 为 16 位存储器，模拟值为二进制的补码，最高位为符号位，0 为负，1 为正），因此应将 IW64 中的数值数据类型转换为实数再进行乘除运算。应用除法指令进行数据转换如图 4-3-15 所示。

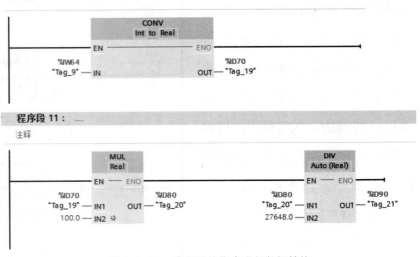

图 4-3-15　应用除法指令进行数据转换

知识点 3：计算指令 CALCULATE

可以使用"计算"指令自定义计算公式，根据所选数据类型计算数学运算或复杂逻辑运算，如图 4-3-16 所示。

（1）从指令框的"<???>"下拉列表中选择该指令的数据类型。根据所选的数据类型，可以组合某些指令的函数以执行复杂计算。

（2）单击指令框上方的"计算器"（Calculator）

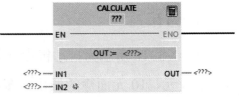

图 4-3-16　"计算"指令

图标可打开一个对话框。在该对话框中可由用户自定义计算公式，计算公式包含输入参数的名称和指令的语法。不能指定操作数名称和操作数地址。

在初始状态下，指令框至少包含两个输入 IN1 和 IN2，也可以扩展输入数目。在功能框中按升序对插入的输入编号。

小任务：篮球比赛中电子记分器设置有加 1 分、加 2 分、加 3 分和减 1 分 4 个按键，编写程序将 4 个按键输入的总分记录并送入两位数码管显示当前分数。

任务分析：PLC 连接数码并显示数字的程序与请参考之前的章节，这里仅重点讲解实现分数的累加功能。

因为篮球比赛中得分一定为整数，所以指令的数据类型均选择 USInt。以检测 2 分球得分为例对程序的工作原理进行说明，用递增指令 INC 检测 +2 分按键按动的次数，将结果保存在地址为 MB21 的寄存器中，再用乘法指令 MUL 将 MB21 寄存器中按键按动次数乘以该按键表示的分值 2，得到 2 分球总分，存入地址为 MB20 的寄存器中。在求得 +1、+2、+3、−1 四种情况的得分值之后，运用计算指令 CALCULATE 编辑公式 OUT=IN1+IN2+IN3−IN4 计算出总分，并将结果存入地址为 MB50 的寄存器中。部分程序梯形图如图 4-3-17 所示。

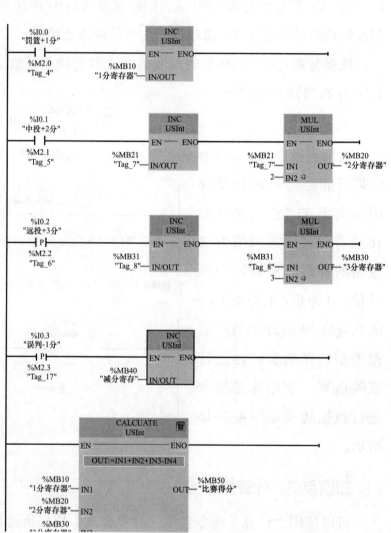

图 4-3-17　部分程序梯形图

任务布置

图 4-3-18 所示为自动售货机实验模块，由三个点动按键 M1、M2、M3 分别模拟投入 1 元、5 元、10 元面额的钱币，多次投入不同面额或同一面额的钱币可以进行累加，数码管显示钱数。当投入钱币总值大于商品单价时，可以购买的商品指示灯会亮起，选择商品

进行购买后，系统自动计算余额并由数码管显示。

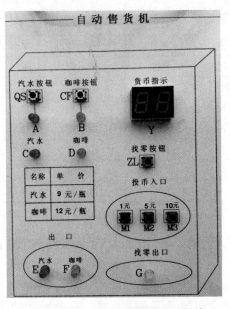

图 4-3-18　自动售货机实验模块

自动售货机控制
系统实验演示

任务实施

1. 任务分析

该任务整体控制要求比较复杂，建议用经验设计法编写程序。系统主要应具备的功能是：

（1）完成投币总金额的计算。

（2）投入钱币与商品单价进行比较并显示可购买的商品。

（3）在完成购买后能够正确找回零钱。

完成核心任务可以应用本节课学习的数学函数类指令，用累加指令 INC 对单一面额钱币的投入张数进行计数；用乘法指令 MUL 将钱币张数乘以钱币面额；用加法指令将 1 元、5 元和 10 元钱币的总额相加得到投币总金额；用减法指令 SUB 计算找回零钱。

将整体任务分成如下几步编写程序：

（1）用运算指令完成投币金额、商品比价、零钱找回功能的程序编写。

（2）将投币总金额、找回零钱金额即时显示在 LED 数码管上。

（3）加入相应的商品选择、商品购买、零钱找回指示灯功能。

（4）完整程序的调试，对逻辑错误和不符合任务要求的部分进行修改。

2. I/O 地址分配表

该系统共有 6 个输入、8 个输出，地址分配如表 4-3-1 所示。

表 4-3-1　I/O 地址分配表

输入部分				输出部分			
器件名称	符号	作用	输入地址	器件名称	符号	作用	输出地址
点动按钮	M1	1 元投币按钮	I0.0	数码管	Y	输出给数码管信号	Q0.0
点动按钮	M2	5 元投币按钮	I0.1	指示灯	A	汽水可购买指示灯	Q0.1
点动按钮	M3	10 元投币按钮	I0.2	指示灯	B	咖啡可购买指示灯	Q0.2
点动按钮	QS	汽水选择按钮	I0.3	指示灯	C	选择购买汽水指示灯	Q0.3
点动按钮	CF	咖啡选择按钮	I0.4	指示灯	D	选择购买咖啡指示灯	Q0.4
点动按钮	ZL	找零钱按钮	I0.5	指示灯	E	模拟汽水出货指示灯	Q0.5
				指示灯	F	模拟咖啡出货指示灯	Q0.6
				指示灯	G	模拟找零钱指示灯	Q0.7

按照 I/O 分配表设置 PLC 变量，在 Portal V13 软件中设置 PLC 变量表，如图 4-3-19 所示。

默认变量表

	名称	数据类型	地址	保持	在 H...	可从 ...	注释
1	M1	Bool	%I0.0	☐	☑	☑	
2	M2	Bool	%I0.1	☐	☑	☑	
3	M3	Bool	%I0.2	☐	☑	☑	
4	QS	Bool	%I0.3	☐	☑	☑	
5	CF	Bool	%I0.4	☐	☑	☑	
6	ZL	Bool	%I0.5	☐	☑	☑	
7	Y	Bool	%Q0.0	☐	☑	☑	
8	A	Bool	%Q0.1	☐	☑	☑	
9	B	Bool	%Q0.2	☐	☑	☑	
10	C	Bool	%Q0.3	☐	☑	☑	
11	D	Bool	%Q0.4	☐	☑	☑	
12	E	Bool	%Q0.5	☐	☑	☑	
13	F	Bool	%Q0.6	☐	☑	☑	
14	G	Bool	%Q0.7	☐	☑	☑	
15	1元	Byte	%MB10	☐	☑	☑	
16	5元	Byte	%MB20	☐	☑	☑	

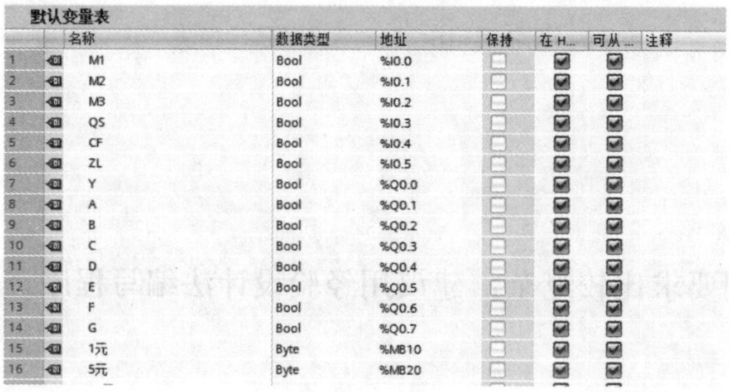

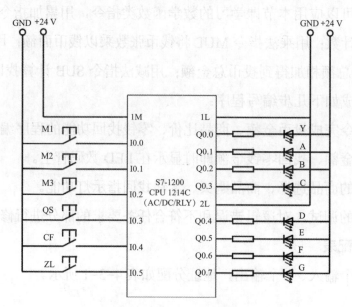

图 4-3-19　PLC 变量表

3. 硬件接线图

按照任务的控制要求和 I/O 地址分配表画出硬件接线图并插接导线，如图 4-3-20 所示。

图 4-3-20　PLC 外部硬件接线

4. 梯形图程序

重点难点详解：M1、M2、M3 分别模拟投币 1 元钱、5 元钱、10 元钱，点动按动按键 M1 模拟 1 元纸币投入，信号每出现第一个上升沿则认为投入一张纸币，使能端 EN 有能流流入，累加指令 INC 执行一次，将累加的结果存入寄存器 MB10 中。按动按键 M2 表示有 5 元钱纸币投入，用累加指令 INC 检测投入纸币的张数并存入寄存器 MB20 中，再使用乘法指令将 5 元纸币的张数乘以面额 5 得到 5 元纸币总金额并保存在寄存器 MB21 中，同理求出 10 元纸币总金额并存入寄存器 MB31 中。最后应用加法指令将 1 元、5 元和 10 元纸币总数相加得到投币总金额，存入 MB60 中。各面值金额的计算及存储程序如图 4-3-21 所示。

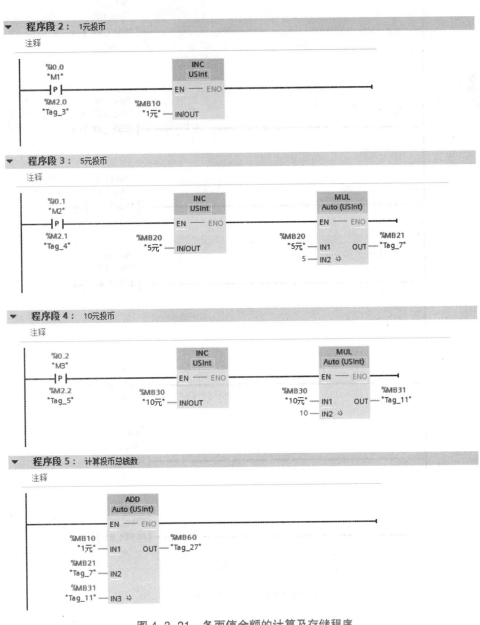

图 4-3-21　各面值金额的计算及存储程序

完整梯形图程序如图 4-2-22 所示。

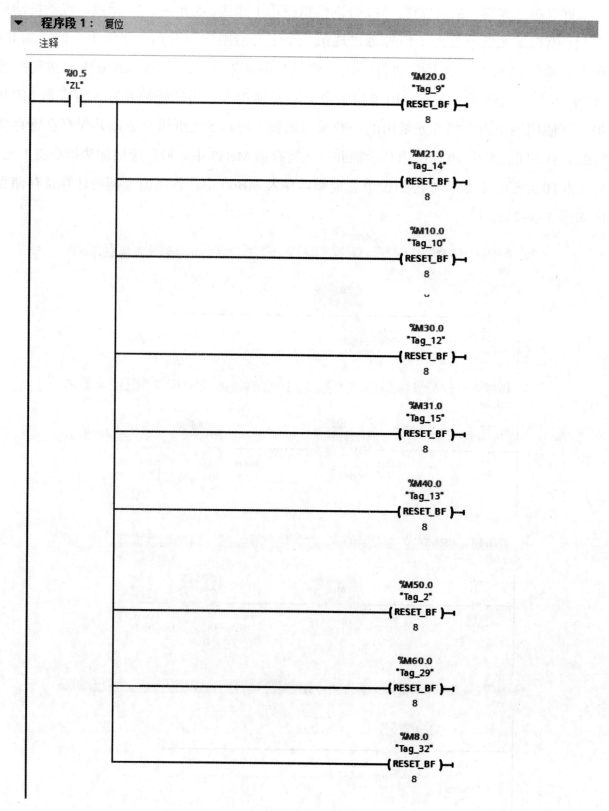

图 4-3-22 完整梯形图程序

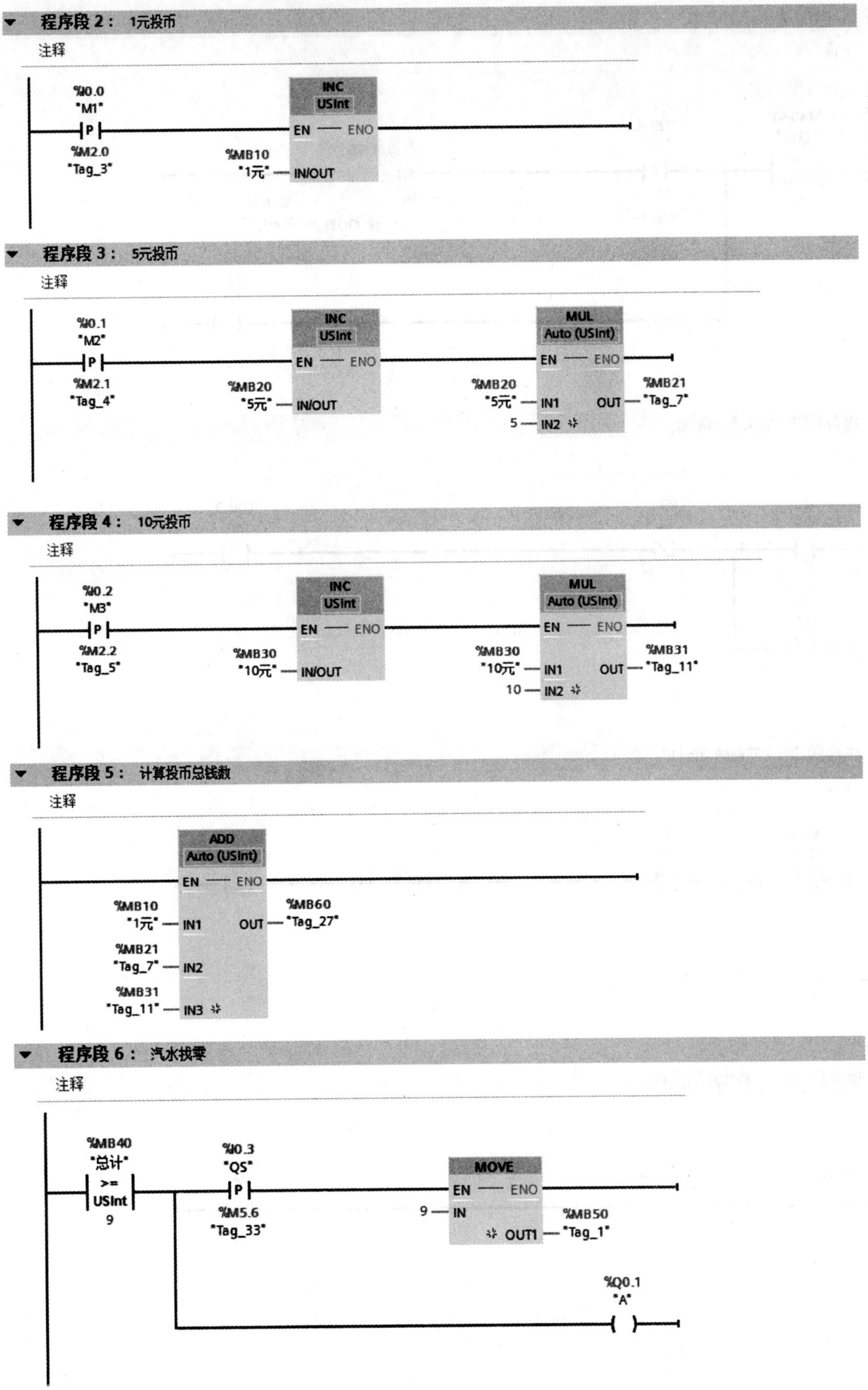

▼ **程序段 2：** 1元投币
　　注释

```
%I0.0
"M1"
─┤P├─                    ┌─────────┐
%M2.0                    │   INC   │
"Tag_3"                  │  USInt  │
                         │ EN  ENO │
         %MB10           │         │
          "1元" ─────────┤ IN/OUT  │
                         └─────────┘
```

▼ **程序段 3：** 5元投币
　　注释

```
%I0.1
"M2"
─┤P├─                    ┌─────────┐              ┌──────────────┐
%M2.1                    │   INC   │              │     MUL      │
"Tag_4"                  │  USInt  │              │  Auto (USInt)│
                         │ EN  ENO │              │   EN   ENO   │
         %MB20           │         │    %MB20     │              │    %MB21
          "5元" ─────────┤ IN/OUT  │     "5元" ───┤ IN1      OUT ├─ "Tag_7"
                         └─────────┘              │              │
                                            5 ────┤ IN2 ⁂        │
                                                  └──────────────┘
```

▼ **程序段 4：** 10元投币
　　注释

```
%I0.2
"M3"
─┤P├─                    ┌─────────┐              ┌──────────────┐
%M2.2                    │   INC   │              │     MUL      │
"Tag_5"                  │  USInt  │              │  Auto (USInt)│
                         │ EN  ENO │              │   EN   ENO   │
         %MB30           │         │    %MB30     │              │    %MB31
          "10元" ────────┤ IN/OUT  │    "10元" ───┤ IN1      OUT ├─ "Tag_11"
                         └─────────┘              │              │
                                           10 ────┤ IN2 ⁂        │
                                                  └──────────────┘
```

▼ **程序段 5：** 计算投币总钱数
　　注释

```
                         ┌──────────────┐
                         │     ADD      │
                         │  Auto (USInt)│
                         │   EN   ENO   │
         %MB10           │              │    %MB60
          "1元" ─────────┤ IN1      OUT ├─ "Tag_27"
         %MB21           │              │
          "Tag_7" ───────┤ IN2          │
         %MB31           │              │
          "Tag_11" ──────┤ IN3 ⁂        │
                         └──────────────┘
```

▼ **程序段 6：** 汽水找零
　　注释

```
%MB40       %I0.3                      ┌─────────┐
"总计"       "QS"                       │  MOVE   │
─┤>=├───────┤P├──────────────────────── │ EN  ENO │
│USInt│     %M5.6                       │         │
   9        "Tag_33"               9 ───┤ IN      │    %MB50
                                        │   ⁂ OUT1├─ "Tag_1"
                                        └─────────┘
│
│                                                      %Q0.1
│                                                       "A"
└──────────────────────────────────────────────────────( )─
```

图 4-3-22 完整梯形图程序（续）

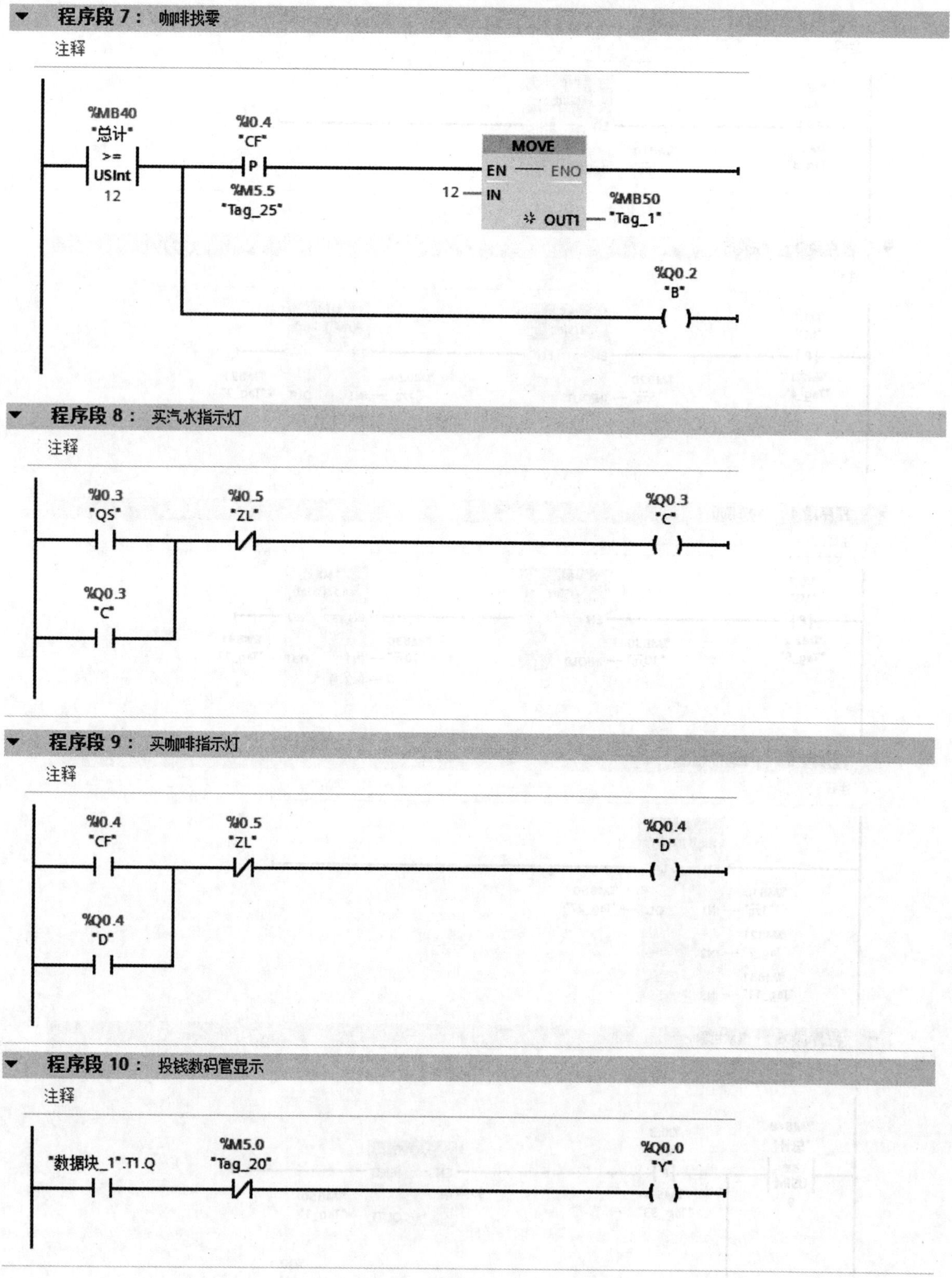

▼　**程序段 7:** 咖啡找零

注释

```
  %MB40        %I0.4                              MOVE
  "总计"        "CF"                          ┌──────────┐
  >=           ┤P├                          EN ─── ENO
│─┤USInt├──┬──┤    ├──────────────      12 ─┤IN        │
   12      │  %M5.5                          │   %MB50  │
           │  "Tag_25"                    ※ ─┤OUT1"Tag_1"│
           │                                 └──────────┘
           │                                            %Q0.2
           │                                             "B"
           └───────────────────────────────────────────┤( )├
```

▼　**程序段 8:** 买汽水指示灯

注释

```
  %I0.3        %I0.5                                    %Q0.3
  "QS"         "ZL"                                      "C"
│─┤ ├──────┬──┤/├──────────────────────────────────────┤( )├
  %Q0.3    │
  "C"      │
──┤ ├──────┘
```

▼　**程序段 9:** 买咖啡指示灯

注释

```
  %I0.4        %I0.5                                    %Q0.4
  "CF"         "ZL"                                      "D"
│─┤ ├──────┬──┤/├──────────────────────────────────────┤( )├
  %Q0.4    │
  "D"      │
──┤ ├──────┘
```

▼　**程序段 10:** 投钱数码管显示

注释

```
  "数据块_1".T1.Q   %M5.0                               %Q0.0
                   "Tag_20"                              "Y"
│─┤ ├─────────────┤/├──────────────────────────────────┤( )├
```

图 4-3-22　完整梯形图程序（续）

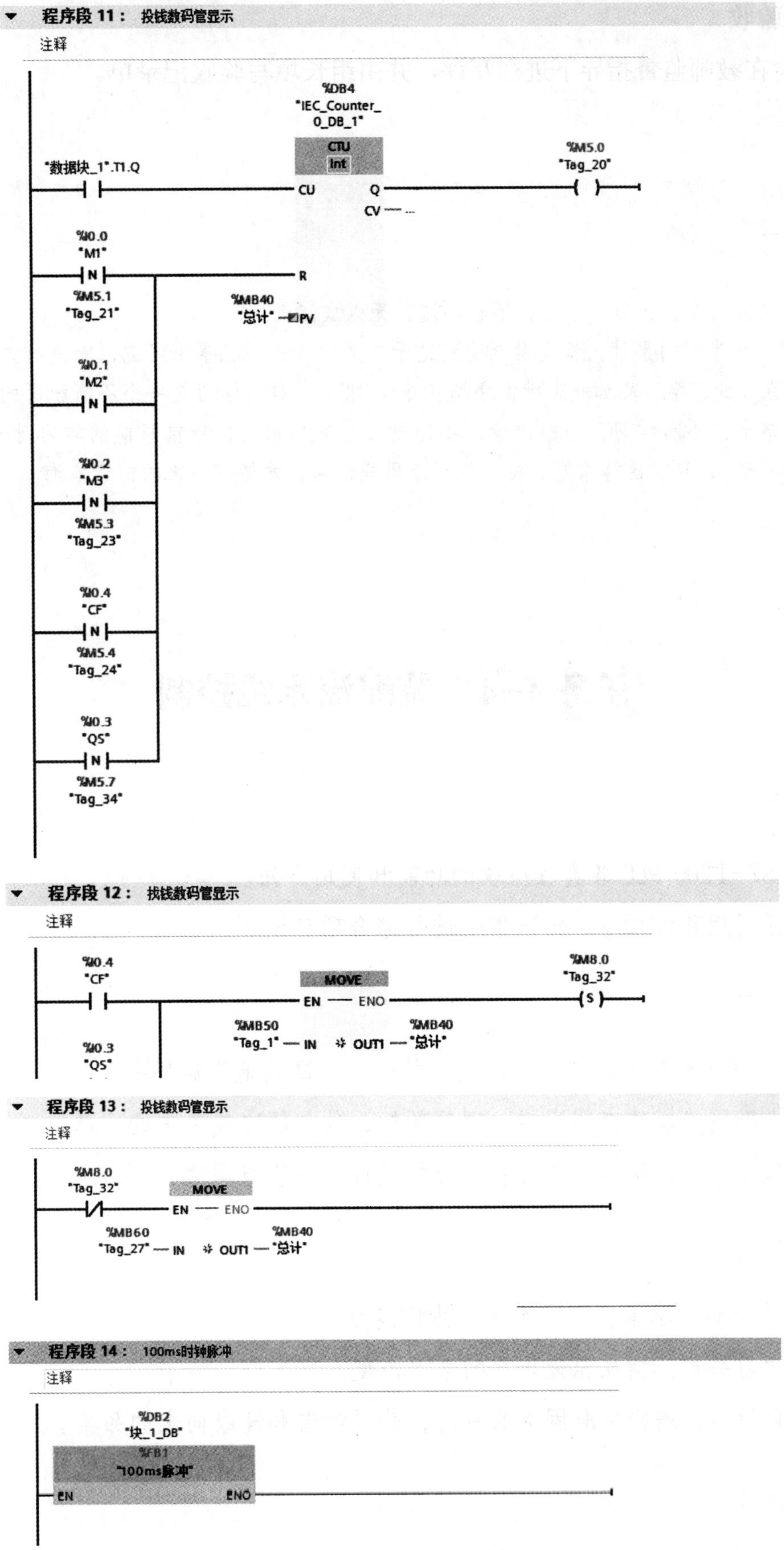

▼　**程序段 11：** 投钱数码管显示

注释

▼　**程序段 12：** 找钱数码管显示

注释

▼　**程序段 13：** 投钱数码管显示

注释

▼　**程序段 14：** 100ms时钟脉冲

注释

图 4-3-22　完整梯形图程序（续）

5. 任务验收

各组学生在教师监督指导下进行互评，并由组长填写验收记录单。

 每课一句小古文：

"故不积跬步，无以至千里；不积小流，无以成江海。"

没有一步半步的累计，就没有办法到达千里的地方；不积累小河流，就没有办法汇成江海。万物皆如此，学习亦如此。就像递增指令（INC）一样，学习是一个不断积累的过程。在学习的道路上，不断学习，不断进步，不忘初心，砥砺前行，珍惜眼前的学习时光，"积跬步""积小流"，只有这样才能有将来的至千里成江海，才能有将来的前途似海。

任务 4-4　装配流水线控制

知识目标：

1. 学会 S7-1200 PLC 各类程序块的功能和使用方法。

2. 能灵活运用移位指令、传送指令进行综合项目设计。

技能目标：

1. 能够根据任务要求制订任务计划，并能合理高效地实施任务。

2. 能够借助网络媒体查阅资料，理解新知，独立解决任务中的问题。

3. 能够独立完成装配流水线控制系统的设计、安装与调试。

情感目标：

1. 培养善于独立思考、交流沟通的协作能力。

2. 培养学习兴趣，树立积极乐观的学习态度。

3. 树立自信心，增强克服困难的意志，养成和谐和健康向上的品格。

情景引入：

装配流水线是工业自动化的重要部分，能提高生产效率，降低工艺流程成本，最大限度地适应产品变化，提高产品质量，它是现代化生产控制系统中的重要组成部分。为了满足生产的需要，装配生产线还设置了多种工作方式，比如自动模式和手动模式，还有连续工作、单步工作、自动回原点等工作模式。本节课通过学习 S7-1200 的移位指令来完成一个 PLC 控制的装配流水线。

知识点：S7-1200 程序块的概念及应用

数据块和函数块在西门子的程序设计中起到了非常重要的作用，在博途软件的项目视图中添加一个新设备"CUP 1214C（AC/DC/RLY）"，在程序块目录下双击"添加新块"选项，就会弹出如图 4-4-1 所示的新窗口，其中 S7-1200 PLC 中常用的块，包括组织块、函数块、函数和数据块 4 种。

图 4-4-1　PLC 中常用的块

1. 常用程序块的分类

1）组织块 OB

组织块为程序提供结构，它们充当操作系统和用户程序之间的接口。OB 是由事件驱动的（如诊断中断或时间间隔），会使 CPU 执行 OB。某些 OB 预定义了起始事件和行为。

程序循环 OB 包含用户主程序。用户程序中可包含多个程序循环 OB。在 PLC 的 RUN 模式期间，程序循环 OB 会以最低优先级等级执行，可被其他各种类型的程序处理中断。启动 OB 不会中断程序循环 OB，因为 CPU 在进入 RUN 模式之前将先执行启动 OB。

完成程序循环 OB 的处理后，CPU 会立即重新执行程序循环 OB。该循环处理是用于可编程序逻辑控制器的"正常"处理类型。对于许多应用来说，整个用户程序位于一个程序循环 OB 中。

可创建其 OB 以执行特定的功能，如启动任务、用于处理中断和错误或用于以特定的时间间隔执行特定程序代码，这些 OB 会中断程序循环 OB 的执行。

使用"添加新块"（Add New Block）对话框，在用户程序中创建新的 OB。

2）函数块 FB

函数块（FB）是使用背景数据块保存其参数和静态数据的代码块。FB 具有位于数据块（DB）或"背景"DB 中的变量存储器。背景 DB 提供与 FB 的实例（或调用）关联的一块存储区并在 FB 完成后存储数据。可将不同的背景 DB 与 FB 的不同调用进行关联。通过背景 DB 可使用一个通用 FB 控制多个设备。通过使用一个代码块对 FB 和背景 DB 进行调用来构建程序。然后，CPU 执行该 FB 中的程序代码，并将块参数和静态局部数据存储在背景 DB 中。FB 执行完成后，CPU 会返回到调用该 FB 的代码块中。背景 DB 保留该 FB 实例的值。随后在同一扫描周期或其他扫描周期中调用该功能块时可使用这些值。

3）函数 FC

FC 是不含存储区的代码块，常用于对一组输入值执行特定运算，例如，可使用 FC 执行标准运算和可重复使用的运算（如数学计算）或者执行工艺功能（如使用位逻辑运算执行独立的控制）。FC 也可以在程序中的不同位置多次调用，简化了对经常重复发生的任务的编程。通常，函数会计算函数值，可以通过输出参数 RET_VAL 将此函数值返回给调用块。为此，必须在函数的接口中声明输出参数 RET_VAL，RET_VAL 始终是函数的首个输出参数。

FC 没有相关的背景数据块（DB），没有可以存储块参数值的数据存储器，因此，调用函数时，必须给所有形参分配实参。对于用于 FC 的临时数据，FC 采用了局部数据堆栈，不保存临时数据，要永久性存储数据，可将输出值赋给全局存储器位置，如 M 存储器或全局 DB。

4）数据块 DB

在用户程序中创建数据块（DB）以存储代码块的数据。用户程序中的所有程序块都可访问全局 DB 中的数据，而背景 DB 仅存储特定功能块（FB）的数据。可将 DB 定义为当前只读。相关代码块执行完成后，DB 中存储的数据不会被删除。有两种类型的 DB：全局 DB 存储程序中代码块的数据，任何 OB、FB 或 FC 都可访问全局 DB 中的数据。背景 DB 存储特定 FB 的数据；背景 DB 中数据的结构反映了 FB 的参数（Input、Output 和 InOut）和静态数据。（FB 的临时存储器不存储在背景 DB 中。）

说明：尽管背景 DB 反映特定 FB 的数据，然而任何代码块都可访问背景 DB 中的数据。

2. 在 TIA 博图软件中添加程序块

（1）创建 DB 块：在项目中添加了 S7-1200 设备之后，在项目树中此 PLC 的"程序块"下即可添加新的数据块，如图 4-4-2 所示。

在打开的"添加新块"窗口下选

图 4-4-2 创建 DB 块

择数据块。以下是对此窗口下各项配置的说明：

名称：此处可以键入 DB 块的符号名。如果不做更改，那么将保留系统分配的默认符号名。例如此处为 DB 块分配的符号名为"Data_block_2"。

类型：此处可以通过下拉菜单选择所要创建的数据块类型——全局数据块或背景数据块。要创建背景数据块，下拉菜单中列出了此项目中已有的 FB 供用户选择。

语言：对于创建数据块，此处不可更改。

编号：默认配置为"自动"，即系统自动为所生成的数据块配分块号。当然也可以选择"手动"，则"编号"处的下拉菜单变为高亮状态，以便用户自行分配 DB 块编号。

块访问：默认选项为"已优化"，当选择此项时，数据块中的变量仅有符号名，没有地址偏移量的信息，该数据块仅可进行符号寻址访问。选择"已优化"创建数据块可优化 CPU 对存储空间的分配及访问，提升 CPU 的性能。

用户也可以选择"标准 – 与 S7–300/400 兼容"，获得与 S7–300/400 数据块相同的特性，数据块中的变量有符号名和偏移量，可以进行符号访问和绝对地址访问。

注意：数据块的块访问属性只能在创建数据块时定义。创建完成后无法修改数据块的访问属性。如果在编程中需要对数据块进行绝对地址访问，那么必须在创建该数据块时将块访问设置成"标准 – 与 S7–300/400 兼容"。

当以上数据块属性全部定义完成，单击"确定"按钮即创建完成一个数据块。用户可以在项目树中看到刚刚创建的数据块，如图 4-4-3 所示。

图 4-4-3 创建的数据块

（2）为数据块定义变量：双击打开数据块即可逐行添加变量，如图 4-4-4 所示。

如果数据块选择"标准 – 与 S7–300/400 兼容"，则在数据块中可以看到"偏移量"列，并且系统在编译之后在该列生成每个变量的地址偏移量。设置成优化访问的数据块则无此列。

图 4-4-4 在 DB 块中添加变量

默认情况下会有一些变量属性列未被显示出来，可以通过右键单击任意列标题，可在出现的菜单中选择显示被隐藏的列，如图 4-4-5 所示。

定义变量的数据类型：可以为变量定义基本数据类型，复杂数据类型（时间与日期、字符串、结构体、数组等），PLC 数据类型（如用户自定义数据类型），系统数据类型和硬件数据类型。可以直接键入数据类型标识符，或者通过该列中的选择按钮选择，如图 4-4-6 所示。

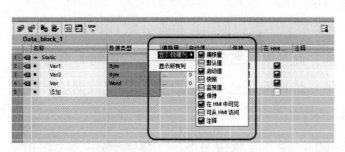

图 4-4-5 菜单中被隐藏的列

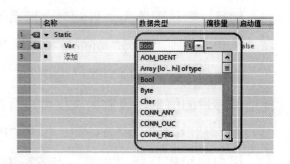

图 4-4-6 定义基本数据类型

需要创建多个数据类型相同的变量时，可以将光标置于第一个变量名称的右下角，待光标变为"＋"符号后向下拖动光标，即可轻松创建多个具有类似属性的变量，如图 4-4-7 所示。

图 4-4-7 创建多个数据类型相同的变量

DB 块数据的保持性：对于可优化访问的数据块，其中的每个变量可以分别设置其保持与否；而标准数据块仅可设置其中所有的变量保持或不保持，不能对每个变量单独设置，如图 4-4-8 所示。

标准数据块中仅可设置所有的变量保持或不保持，如图 4-4-9 所示。

图 4-4-8 DB 块数据的保持性（1）

图 4-4-9 DB 块数据的保持性（2）

（3）数据块的访问。

符号访问：<DB 块名 >. < 变量名 >；例如：Data_Block_1. Var1。

绝对地址访问：<DB 块号 >. < 变量长度及偏移量 >：DB1. DBX0.0；DB1. DBB0；DB1. DBW0；DB1. DBD0。

注意：复杂数据类型只能符号寻址。

任务布置

图 4-4-10 所示为装配流水线实验模块，由启动开关 SD、复位按键 RS 和手动移位按键 ME 组成，用指示灯分别模拟操作工位 A、B、C，运料工位 D、E、F、G，仓库操作工位 H，生产线能够循环完成工件传送、加工、入库的周期性动作，并且有自动循环运行和手动单步运行两种工作模式。

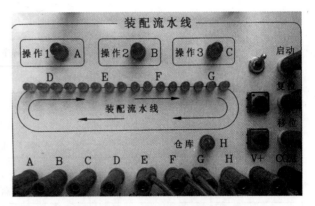

图 4-4-10 装配流水线实验模块

具体功能如下：

（1）打开启动开关 SD，系统进入自动运行模式，工件按照指示灯 D→A→E→B→F→C→G→H 的顺序依次点亮表示加工入库。

（2）在自动运行期间的任一环节按下按键 ME，进入手动单步模式，每按一次 ME，指示灯转换到下一个加工环节。

装配流水线控制
系统实验演示

（3）在自动模式下断开系统开关 SD，系统在完成当前周期的加工工作后关闭，指示灯熄灭。在手动模式下断开系统开关 SD，当前指示灯立即熄灭。

（4）在任何时候按下复位按键 RS，系统进入自动模式，并且指示灯按照 D→A→E→B→F→C→G→H 的顺序循环点亮。

任务实施

1. 任务分析

系统要求有手动和自动两种工作模式，工作模式由点动按键 ME 进行切换，因此在梯形图程序编写时采用手动单步运行程序和自动连续运行程序两个函数块进行调用，系统流程图如图 4-4-11 所示。

2. I/O 地址分配表

该系统共有 3 个输入和 8 个输出，I/O 地址分配如表 4-4-1 所示。

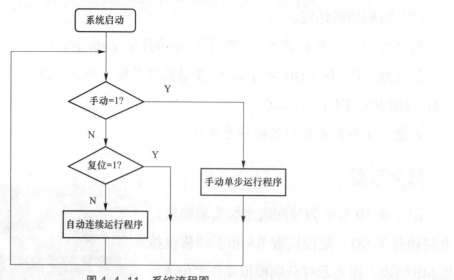

图 4-4-11　系统流程图

表 4-4-1　I/O 地址分配表

输入部分				输出部分			
器件名称	符号	作用	输入地址	器件名称	符号	作用	输出地址
拨动开关	SD	启动	I0.0	指示灯	A	操作工位 A 动作	Q0.0
点动按键	RS	复位	I0.1	指示灯	B	操作工位 B 动作	Q0.1
点动按键	ME	移位	I0.2	指示灯	C	操作工位 C 动作	Q0.2
				指示灯	D	运料工位 D 动作	Q0.3
				指示灯	E	运料工位 E 动作	Q0.4
				指示灯	F	运料工位 F 动作	Q0.5
				指示灯	G	运料工位 G 动作	Q0.6
				指示灯	H	运料工位 H 动作	Q0.7

按照 I/O 分配表设置 PLC 变量，在 Portal V13 软件中设置 PLC 变量表，如图 4-4-12 所示。

PLC 编程

默认变量表

	名称	数据类型	地址	保持	在 H...	可从 ...
1	SD	Bool	%I0.0	☐	☑	☑
2	RS	Bool	%I0.1	☐	☑	☑
3	ME	Bool	%I0.2	☐	☑	☑
4	A	Bool	%Q0.0	☐	☑	☑
5	B	Bool	%Q0.1	☐	☑	☑
6	C	Bool	%Q0.2	☐	☑	☑
7	D	Bool	%Q0.3	☐	☑	☑
8	E	Bool	%Q0.4	☐	☑	☑
9	F	Bool	%Q0.5	☐	☑	☑
10	G	Bool	%Q0.6	☐	☑	☑
11	H	Bool	%Q0.7	☐	☑	☑
12	Tag_1	Bool	%M2.0	☐	☑	☑
13	Tag_2	Byte	%QB0	☐	☑	☑
14	Tag_3	Bool	%M2.1	☐	☑	☑
15	Tag_4	Byte	%MB3	☐	☑	☑
16	Tag_5	Bool	%M3.0	☐	☑	☑
17	Tag_6	Bool	%M3.1	☐	☑	☑
18	Tag_7	Bool	%M3.2	☐	☑	☑
19	Tag_8	Bool	%M3.3	☐	☑	☑
20	Tag_9	Bool	%M3.4	☐	☑	☑
21	Tag_10	Bool	%M3.5	☐	☑	☑
22	Tag_11	Bool	%M3.6	☐	☑	☑
23	Tag_12	Bool	%M3.7	☐	☑	☑
24	手动标志	Bool	%M6.0	☐	☑	☑

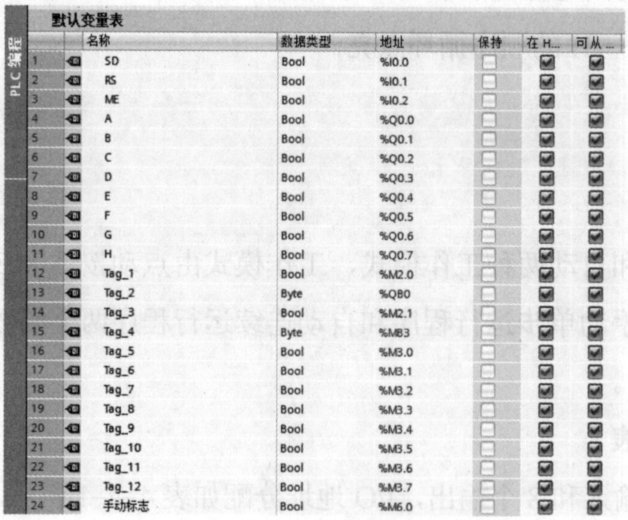

图 4-4-12　PLC 变量的设置

3. 硬件接线图

按照任务的控制要求和I/O地址分配表画出硬件接线图并插接导线，如图4-4-13所示。

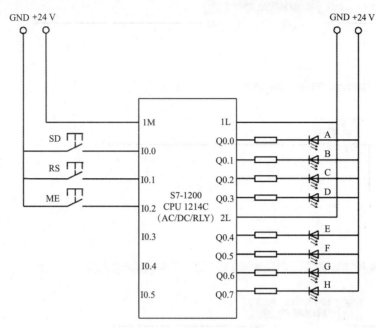

图 4-4-13　PLC 外部接线图

4. 梯形图程序

重点难点详解：该任务有自动连续运行和手动单步运行两种工作模式，并由点动按键 ME 作为切换条件，设置 5 个函数功能块，如图4-4-14 所示。

完整梯形图参考程序：

OB1 中的程序（见图 4-4-15）：

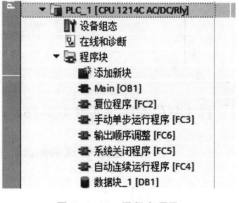

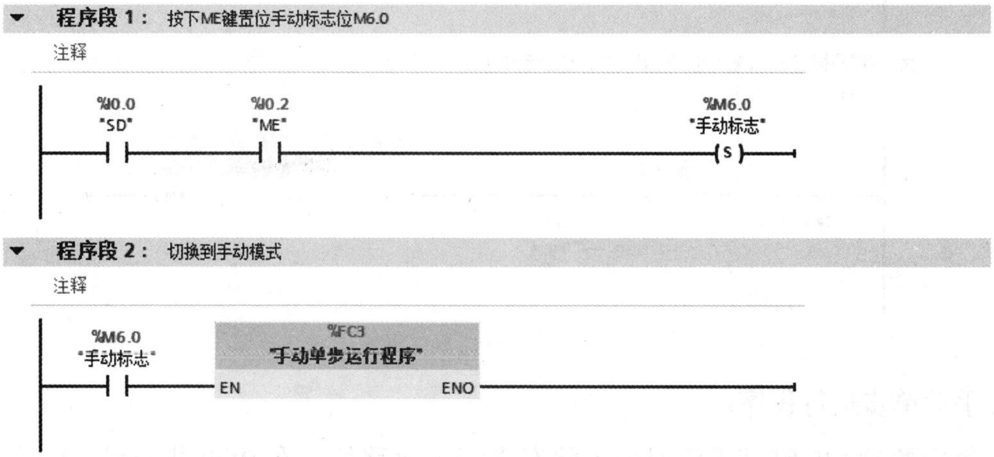

图 4-4-14　子程序项目

▼　**程序段 1：** 按下ME键置位手动标志位M6.0

注释

```
  %I0.0           %I0.2                                              %M6.0
  "SD"            "ME"                                              "手动标志"
 ──┤├────────────┤├──────────────────────────────────────────────────( S )──┤
```

▼　**程序段 2：** 切换到手动模式

注释

```
  %M6.0              %FC3
 "手动标志"     "手动单步运行程序"
 ──┤├────────── EN            ENO ──
```

图 4-4-15　OB1 中的程序

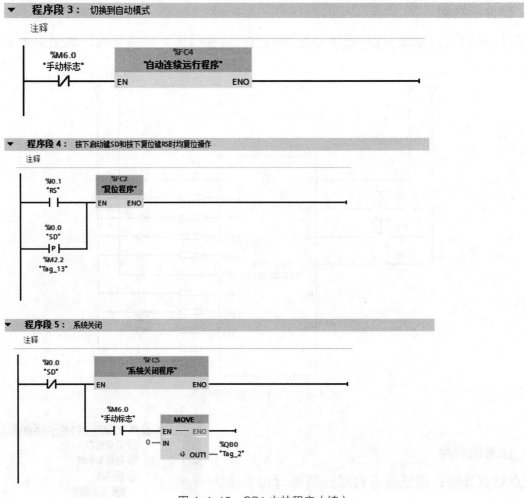

图 4-4-15　OB1 中的程序（续）

FC1 复位程序（见图 4-4-16）：

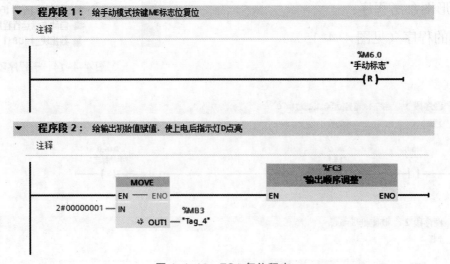

图 4-4-16　FC1 复位程序

FC2 手动单步运行程序：

因为每次按动 ME 键都需要对加工状态进行一次移位，在 ROL 指令的 EN 端要接检测信号的上升沿指令，同时 IN 端和 OUT 端要设置为同一个地址 MB3，如图 4-4-17 所示。

程序段 1：　按动按键ME一次，MB3中的数值左移1位并输出给Q0
注释
%I0.2
"ME"
P
%M2.1
"Tag_3"
ROL
Byte
EN
ENO
%MB3
"Tag_4"
IN
OUT
%MB3
"Tag_4"
1
N
%FC3
"输出顺序调整"
EN
ENO

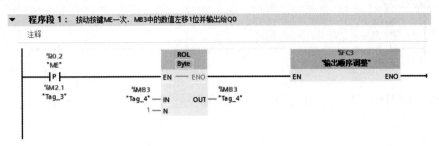

图 4-4-17　FC2 手动单步运行程序

FC3 输出顺序调整程序：

因为移位之后的数据被重新送回地址 MB3 中，当循环移位指令首次执行时最低位 M3.0 为 1，并逐渐向 M3.7 移动，每次移动 1 位。Q0.0 ～ Q0.7 分别接指示灯的 A ～ H，哪一位是 1 对应的指示灯才会亮，而指示灯点亮的顺序为 D → A → E → B → F → C → G → H，所以按照以下梯形图程序将 MB3 中的各位数据分别赋值给 QB0，如图 4-4-18 所示。

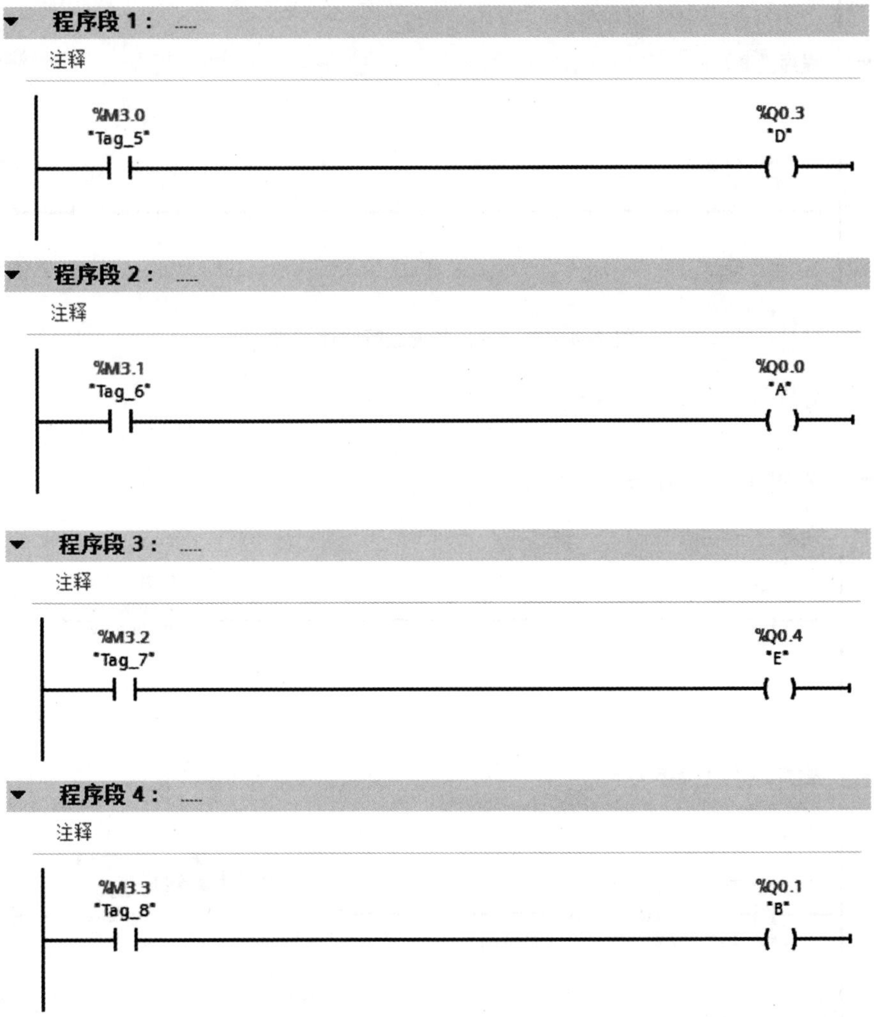

程序段 1：......
注释
%M3.0
"Tag_5"
%Q0.3
"D"
程序段 2：......
注释
%M3.1
"Tag_6"
%Q0.0
"A"
程序段 3：......
注释
%M3.2
"Tag_7"
%Q0.4
"E"
程序段 4：......
注释
%M3.3
"Tag_8"
%Q0.1
"B"

图 4-4-18　FC3 系统运行程序

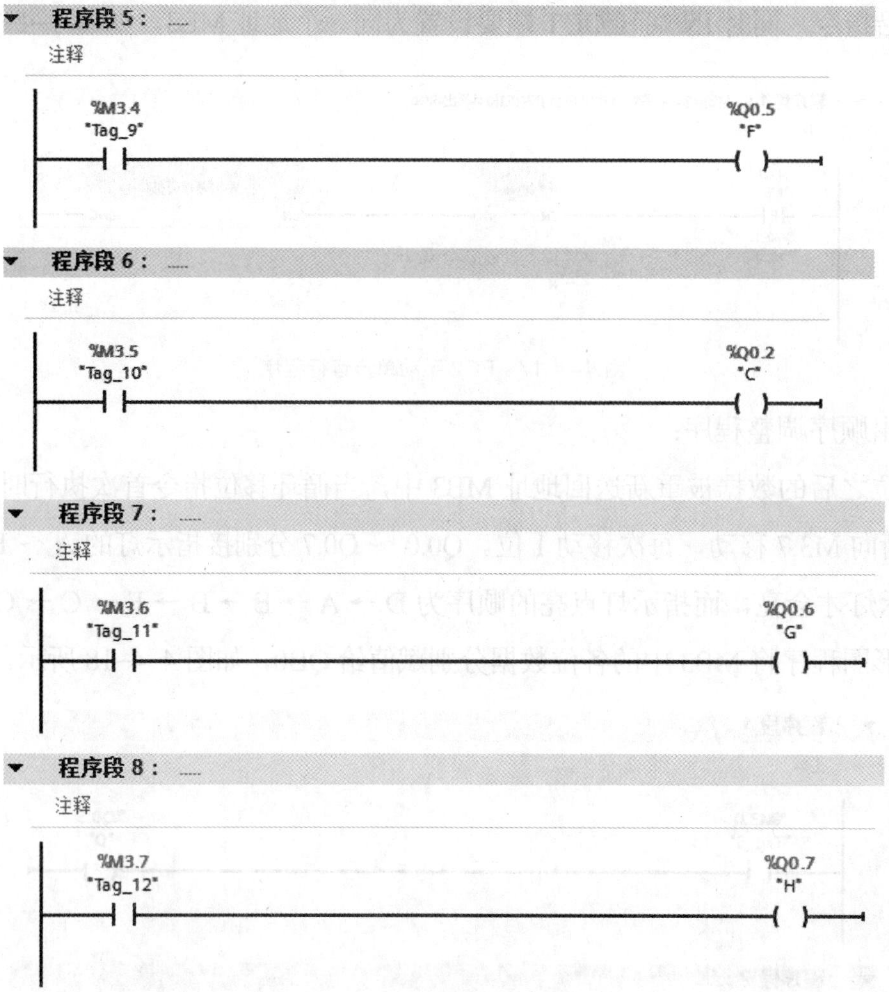

程序段 5： .....

注释

```
    %M3.4                                              %Q0.5
    "Tag_9"                                             "F"
      ├─┤ ├─────────────────────────────────────────────( )─┤
```

程序段 6： .....

注释

```
    %M3.5                                              %Q0.2
    "Tag_10"                                            "C"
      ├─┤ ├─────────────────────────────────────────────( )─┤
```

程序段 7： .....

注释

```
    %M3.6                                              %Q0.6
    "Tag_11"                                            "G"
      ├─┤ ├─────────────────────────────────────────────( )─┤
```

程序段 8： .....

注释

```
    %M3.7                                              %Q0.7
    "Tag_12"                                            "H"
      ├─┤ ├─────────────────────────────────────────────( )─┤
```

图 4-4-18 FC3 系统运行程序（续）

FC4 系统关闭程序（见图 4-4-19）：

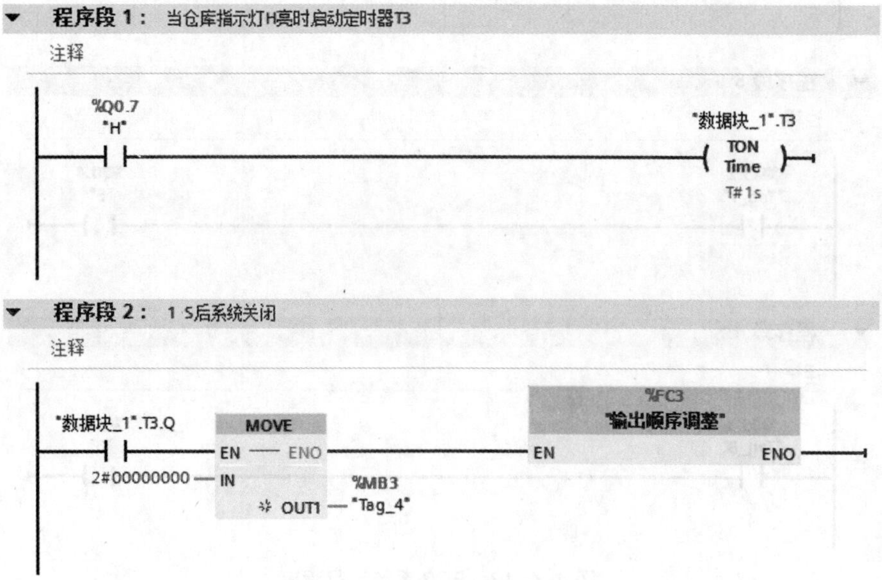

程序段 1： 当仓库指示灯H亮时启动定时器T3

注释

```
    %Q0.7                                         "数据块_1".T3
     "H"                                              TON
      ├─┤ ├──────────────────────────────────────(   Time   )─┤
                                                     T# 1s
```

程序段 2： 1 S后系统关闭

注释

```
                                                        %FC3
 "数据块_1".T3.Q      MOVE                           "输出顺序调整"
      ├─┤ ├──────┤ EN ── ENO ├───────────────────┤ EN      ENO ├──┤
         2#00000000 ─ IN            %MB3
                    ❋ OUT1 ─ "Tag_4"
```

图 4-4-19 FC4 系统关闭程序

FC5 自动连续运行程序（见图 4-4-20）：

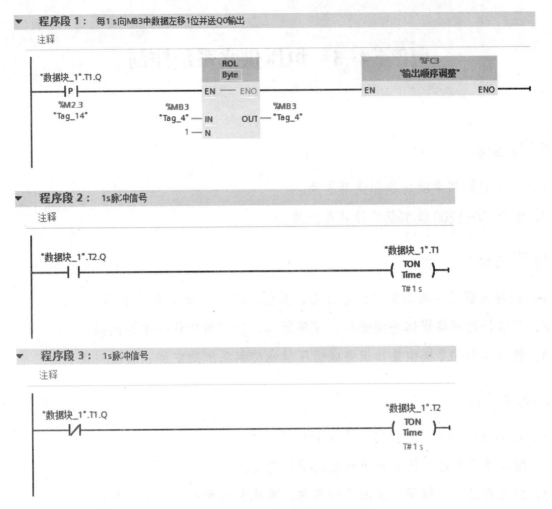

图 4-4-20　FC5 自动连续运行程序

5. 任务验收

各组学生在教师监督指导下进行互评，并由组长填写验收记录单。

 每课一句小古文：

"离娄之明、公输子之巧，不以规矩，不能成方圆。"

即使有离娄那样好的视力，公输子那样好的技巧，如果不用圆规和曲尺，也不能准确地画出方形和圆形。正如我们学习 PLC 程序编写，需要循序渐进，在深入理解编程方法和规律的情况下，逐步积累经验。

任务 4-5　恒压供水系统控制

知识目标：

1. 学会转换指令的功能和使用方法。

2. 学会 S7-1200 模拟量的计算及应用。

技能目标：

1. 能够根据任务要求制订任务计划，并能合理高效地实施任务。

2. 能够借助网络媒体查阅资料，理解新知，独立解决任务中的问题。

3. 能够运用 PLC 模拟量知识完成恒压供水控制系统的安装、编程与调试。

情感目标：

1. 培养善于独立思考、交流沟通的协作能力。

2. 培养学习兴趣，树立积极乐观的学习态度。

3. 树立自信心，增强克服困难的意志，养成和谐和健康向上的品格。

情景引入：

供水系统是人们生产生活中不可缺少的重要一环，传统供水方式占地面积大，水质易污染，基建投资多，而最主要的缺点是水压不能保持恒定，导致部分设备不能正常工作。恒压供水系统是采用压力传感器、PLC 和变频器作为中心控制装置，确保在供水管网中用水量发生变化时，出口压力保持恒定的供水方式。本节课通过学习 PLC 的数据转换类指令、模拟量的采集及计算等知识来制作一个简易恒压供水系统。

任务资讯

知识点 1：数据转换指令

PLC 的转换指令有 4 种类型，分别是转换指令、取整指令和截取指令、上取整和下取整指令、标定指令和标准化指令，如图 4-5-1 所示。

1. 转换指令 CONV

CONV 指令功能是将 IN 端口输入的数据从一种类型转换成另一种指定类型的数据并在 OUT 端输出。该指令一般应用于算术运算、模拟量输入信号转换、数码管显示等情况。

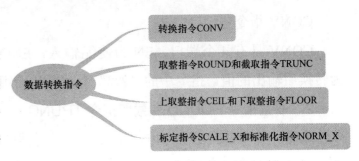

图 4-5-1　数据转换指令

如图 4-5-2 所示程序，当 I0.0 输入信号状态为 1 时，会以三位 BCD 码数字的形式读取 MW10 的数据并将其转换为整数（16 位），结果存储在 MW12 中；如果 I0.0 信号状态为 0，则不会执行转换，此时 EN=ENO=0，Q0.4 输出为 1。

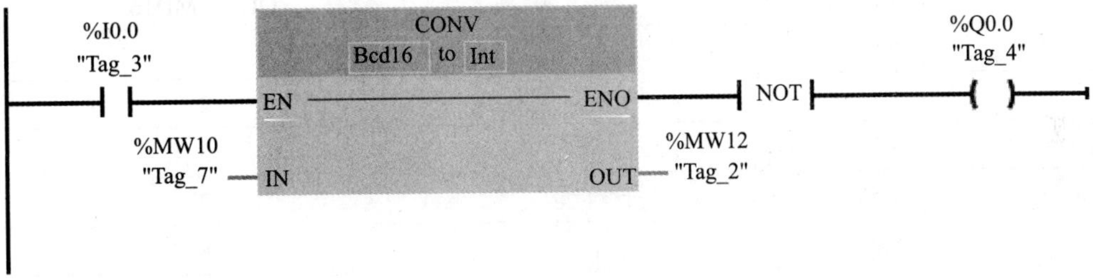

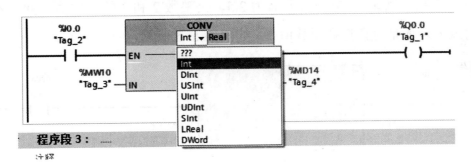

图 4-5-2　转换指令

CONV 指令输入支持的数据转换类型如图 4-5-3 所示。

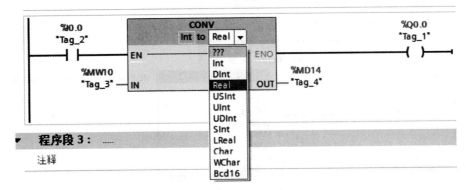

图 4-5-3　CONV 指令输入支持的数据转换类型

CONV 指令输出支持的数据转换类型如图 4-5-4 所示。

图 4-5-4　CONV 指令输出支持的数据转换类型

CONV 指令各端口定义：

CONV 具有 4 个端口，EN 为使能输入，ENO 为使能输出，IN 为要转换的值，OUT 为转换后输出的值。指令中的"???"为数据初始用户设置的转换格式。

2. 取整指令 ROUND 和截取指令 TRUNC

取整指令 ROUND 的功能是以实数（浮点数）类型读取 IN 端输入的数据并按照四舍五入的原则处理小数部分，只保留整数部分，其结果在 OUT 端输出。例如 IN 端输入数值为 5.71，则输出端 OUT 的值为 6；IN 端输入数值为 14.4，则输出端 OUT 的值为 14，如表 4-5-1 所示。

表 4-5-1 取整指令 ROUND

IN：MW10	OUT：MD16
0.5	0
1.8	2
3.1	3
2.5	2
8.0	8

需要特别注意的是，当 IN 端输入的数值为相邻两个整数的平均值时，指令将结果保存为最接近的整数。例如 IN 端输入数值为 2.5，是整数 2 和 3 的平均值，此时不再对浮点数采用四舍五入，而是直接选择偶数值 2，如图 4-5-5 所示。

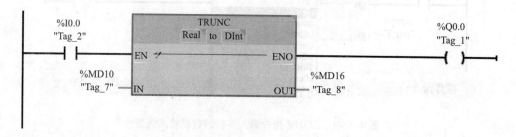

图 4-5-5 截取指令应用示例（1）

取整指令 ROUND 支持的数据类型如图 4-5-6 所示。

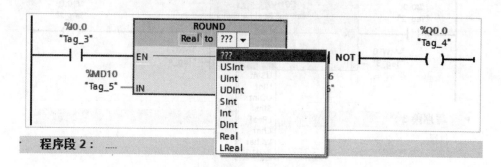

图 4-5-6 取整指令 ROUND 支持的数据类型

　　截取指令 TRUNC 的功能是以实数（浮点数）类型读取 IN 端输入的数据并按直接丢掉小数部分只保留整数部分，其结果在 OUT 端输出。例如 IN 端输入数值为 1.8，则输出端 OUT 的值为 1；IN 端输入数值为 2.5，则输出端 OUT 的值为 2，如表 4-5-2 所示。

表 4-5-2　TRUNC 指令

IN：MW10	OUT：MD16
0.5	0
1.8	1
3.1	3
2.5	2
8.0	8

　　TRUNC 指令支持的数据类型与 ROUND 指令完全相同，这里不再列举，如图 4-5-7 所示。

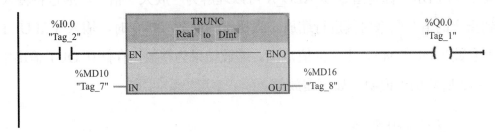

图 4-5-7　截取指令应用示例（2）

　　小提示：ROUND 指令与 TRUNC 指令的区别：

　　取整指令 ROUND：将浮点数四舍五入保留整数，平均值取偶数。

　　截取指令 TRUNC：将浮点数舍掉小数保留整数。

3. 上取整指令 CEIL 和下取整指令 FLOOR

　　如图 4-5-8 所示，上取整指令 CEIL 的功能是以浮点数的数据类型对 IN 中的参数进行读取并转换为大于或等于它的双整数（向上取整），运算结果在 OUT 端输出。

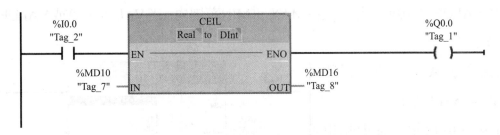

图 4-5-8　上取整指令 CEIL

　　如图 4-5-9 所示，下取整指令 FLOOR 的功能是以浮点数的数据类型对 IN 中的参数进行读取并转换为小于或等于它的双整数（向下取整），运算结果在 OUT 端输出。

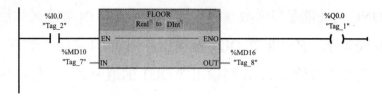

图 4-5-9　下取整指令 FLOOR

FLOOR 指令支持的数据类型如图 4-5-10 所示。

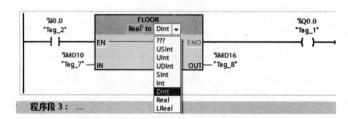

图 4-5-10　FlOOR 指令支持的数据类型

4. 标定指令 SCALE_X 和标准化指令 NORM_X

如图 4-5-11 所示，标定指令 SCALE_X 可以理解为"放大"指令，通过将输入 VALUE 的值映射到指定的值范围来对其进行缩放。当执行"缩放"指令时，输入 VALUE 的浮点值会缩放到由参数 MIN 和 MAX 定义的值范围。缩放结果为整数，存储在 OUT 输出中。

图 4-5-12 所示例子说明了如何缩放值。

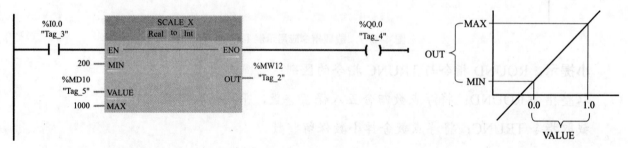

图 4-5-11　标定指令 SCALE_X　　　　　　　　图 4-5-12　SCALE_X 缩放值

"缩放"指令将按以下公式进行计算：

$$OUT = [VALUE * (MAX - MIN)] + MIN$$

当 0＜VALUE＜1.0 时，缩放值在 MAX 和 MIN 范围内；当 VALUE＜0 或 VALUE＞0 时，缩放值在范围外。

标定指令 SCALE_X 支持的数据类型如图 4-5-13 所示。

如图 4-5-14 所示，标准化指令 NORM_X 可以理解为"缩小"指令，通过将输入 VALUE 中变量

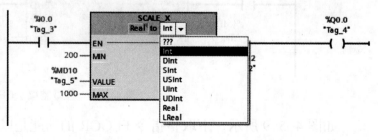

图 4-5-13　SCALE_X 支持的数据类型

的值映射到线性标尺对其进行标准化。可以使用参数 MIN 和 MAX 定义（应用于该标尺的）值范围的限值。输出 OUT 中的结果经过计算并存储为浮点数，这取决于要标准化的值在该值范围中的位置。

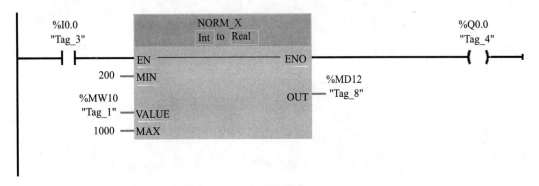

图 4-5-14　标准化指令 NORM_X

如果要标准化的值等于输入 MIN 的值，则输出 OUT 将返回值"0.0"。如果要标准化的值等于输入 MAX 的值，则输出 OUT 需返回值"1.0"。

图 4-5-15 所示例子说明了如何标准化值。

NORM_X 标准化指令支持的数据类型如图 4-5-16 所示。

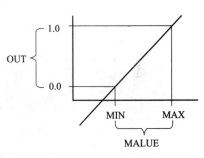

图 4-5-15　NORM_X 标准化指令

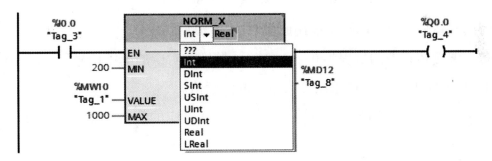

图 4-5-16　NORM_X 标准化指令支持的数据类型

知识点 2：S7-1200 PLC 模拟量的应用

模拟量转换概述

实际应用中，由传感器采集压力、温度、速度等非电信号并将这些非电量转换为电压或电流信号，再传输给 PLC、单片机等控制系统，此时这些信号均为模拟量。模拟量经过 PLC 内部的 A/D 转换后被转换成数字量存储在特定地址的寄存器中。

S7-1200（1214C）内部集成了两路模拟量信号输入通道，分别为通道 0 和通道 1，对应的地址为 IW64 和 IW66，如图 4-5-17、图 4-5-18 所示。

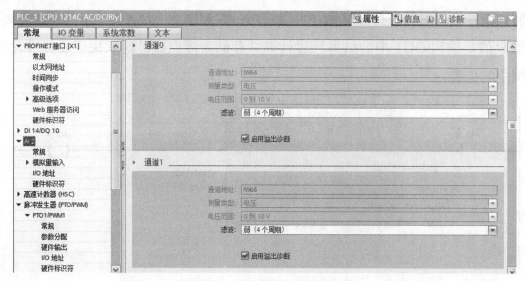

图 4-5-17   模拟量信号输入通道

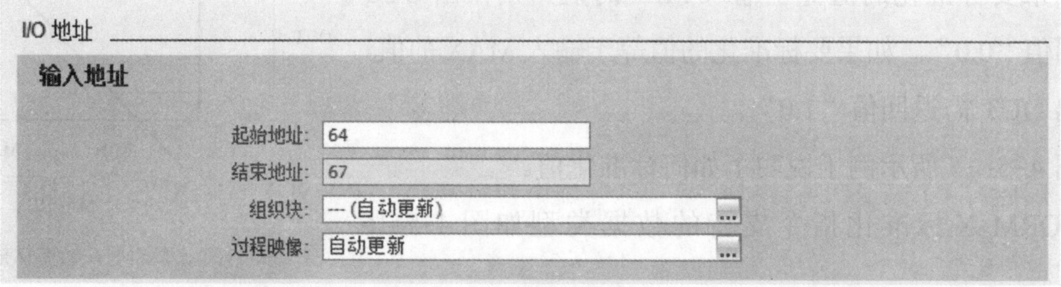

图 4-5-18   模拟量输入的输入地址

如何将模拟量输入转换的数字值还原成对应的物理量？

小任务：温度传感器的量程为 0 ～ 100 ℃，转换成对应的电压信号为 0 ～ 10 V，设转换后地址 IW64 的数值为 N，试求以℃为单位的温度值。

任务分析：0 ～ 100 ℃的温度值转换成数字量后对应的数值是 0 ～ 27 648，由此可推导出转换公式：

$$T/100 = N/27\ 648$$

$$T = N/27\ 648 \times 100$$

知识点 3：模拟量常见问题汇总

1. S7-1200 模拟量模块的输入 / 输出信号传输距离

模拟量模块的输入 / 输出信号传输距离，从接线方面考虑，使用双绞屏蔽电缆最大可以连接 100 m 的长度，还要考虑现场电磁干扰等现实状况。一般电压信号易受现场干扰，且长距离传输也会造成信号的衰减，建议尽量近距离传输；电流信号相比电压信号抗干扰能力好些，相对电压信号传输距离可适当加长。

2. AI 端口连接传感器的接线方式

（1）2 线制传感器的接线如图 4-5-19 所示。

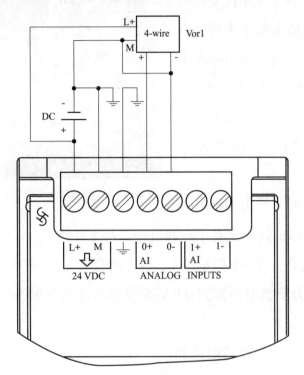

图 4-5-19　2 线制传感器的接线

（2）3 线制传感器的接线如图 4-5-20 所示。

（3）4 线制传感器的接线如图 4-5-21 所示。

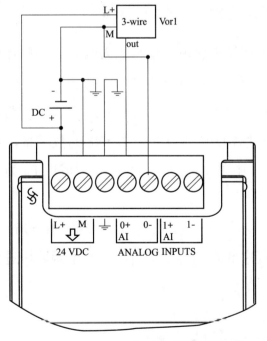

图 4-5-20　3 线制传感器的接线

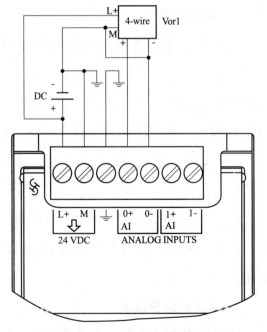

图 4-5-21　4 线制传感器的接线

任务布置

图 4-5-22 所示为恒压供水系统实验模块，用可调电位器来模拟安装于水塔底部的测量水压力的传感器（电压输出范围为 0 ～ 5 V），由发光二极管 L1、L2、L3 模拟三台水泵给水塔供水，三台水泵既可单独工作也可联合工作，并由拨动开关 S1、S2、S3 进行控制。

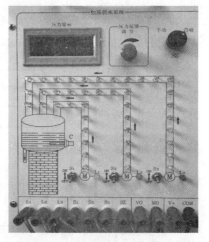

恒压供水系统实验演示

图 4-5-22　恒压供水系统实验模块

该系统可根据实际的水压力值随时调节供水量，保证系统恒压运转并具有手动和自动两种工作模式。

（1）手动模式：闭合开关 S1 指示灯 L1 亮、闭合开关 S2 指示灯 L2 亮、闭合开关 S3 指示灯 L3 亮；旋转压力反馈电位器到 4.8 V 来模拟水压力达到 96 kPa，此时 L1、L2、L3 灯闪烁。

（2）自动模式：旋转压力反馈电位器，当电压小于 2 V 时，指示灯 L1、L2、L3 均被点亮；当电压大于 2 V 小于 3.5 V 时，指示灯 L1、L2 点亮；当电压大于 3.5 V 小于 4.8 V 时，指示灯 L1 点亮；当电压大于 4.8 V 时，指示灯全部熄灭。

任务实施

1. 任务分析

（1）在实际应用中，压力传感器是将水的压力值转换成电压信号输入给 PLC、单片机等控制系统，这个输入信号是模拟量。在模块中用可调电位器来模拟压力传感器，电位器输出的电压范围是 0 ～ 5 V，对应的压力量程为 0 ～ 0.1 MPa。S7-1200 PLC 集成了两路模拟信号输入，传感器将电压信号输入 PLC 后会经过 A/D 转换成 0 ～ 27 648 的数字量，保存在 IW64 中。所以在本任务中要设法将地址 IW64 中采集的数字信号值还原成以 Pa 为单位的压力值。

（2）系统要求有手动和自动两种工作模式，不同工作模式由点动按键 ME 进行切换，因此在梯形图程序编写时采用手动单步运行程序和自动连续运行程序两个函数块进行调用。

2. I/O 地址分配表

该系统共有 6 个输入和 3 个输出，I/O 地址分配如表 4-5-3 所示。

表 4-5-3 I/O 地址分配表

输入部分				输出部分			
器件名称	符号	作用	输入地址	器件名称	符号	作用	输出地址
旋转开关	SZ	手动 / 自动转换开关	I0.0	指示灯模拟泵	L1	L1 泵指示灯	Q0.0
拨动开关	S1	控制 L1 泵	I0.1	指示灯模拟泵	L2	L2 泵指示灯	Q0.1
拨动开关	S2	控制 L2 泵	I0.2	指示灯模拟泵	L3	L3 泵指示灯	Q0.2
拨动开关	S3	控制 L3 泵	I0.3				
压力传感器	V0	模拟量输入	AI0				
压力传感器	M0	模拟量输入	2M				

按照 I/O 分配表设置 PLC 变量，在 Portal V13 软件中设置 PLC 变量表，如图 4-5-23 所示。

默认变量表

	名称	数据类型	地址	保持	在 H...	可从
1	SZ	Bool	%I0.0			
2	S1	Bool	%I0.1			
3	S2	Bool	%I0.2			
4	S3	Bool	%I0.3			
5	L1	Bool	%Q0.0			
6	L2	Bool	%Q0.1			
7	L3	Bool	%Q0.2			
8	Tag_1	Word	%IW64			
9	Tag_3	DWord	%MD20			
10	存储水压值	UDInt	%MD30			

图 4-5-23 PLC 变量表

3. 硬件接线图

按照任务控制要求和 I/O 地址分配表画出硬件接线图并插接导线，如图 4-5-24 所示。

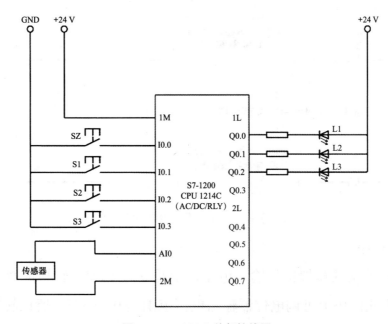

图 4-5-24 PLC 外部接线图

4. 梯形图程序

重点难点详解：该任务有自动连续运行和手动单步运行两种工作模式，并由点动按键 ME 作为切换条件，设置以下 4 个函数功能块，如图 4-5-25 所示。

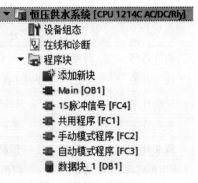

图 4-5-25　4 个函数功能块

5. 完整梯形图参考程序

1）OB1 中的程序

在程序块 OB1 中包含了三个函数功能块：共用程序、自动模式程序和手动模式程序，如图 4-5-26 所示。各函数功能块的程序如下：

（1）共用程序：完成数字信号到压力值的转换。

（2）自动模式程序：应用比较指令实现恒压供水自动调节，当水压位于不同范围时系统自动启动对应的水泵进行供水。

（3）手动模式程序：开关 S1、S2、S3 能够分别控制三台泵 L1、L2、L3 的运行和停止；电压值大于 4.8 V 时表示水塔已蓄满水，指示灯闪烁。

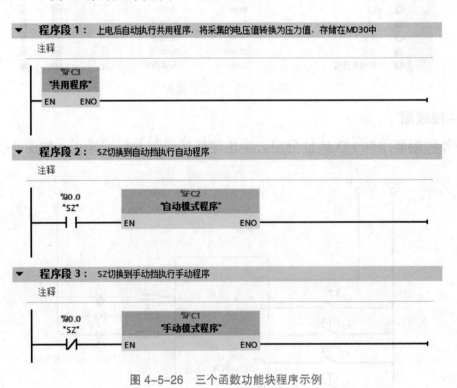

图 4-5-26　三个函数功能块程序示例

2）FC1 共用程序

S7-1200 PLC 默认的模拟信号输入电压范围是 0 ～ 10 V，转换成数字信号的范围是 0 ～ 27 648，因为此模块上可调电位器输出电压范围是 0 ～ 5 V，所以转换的数字信号范

围是 0 ~ 13 824。假设压力传感器的测量压力范围是 0 ~ 0.1 MPa，由此可推导出公式
（1）、式（2），将电压值还原成以 Pa 为单位的压力值并将结果存储于 MD30 中，如
图 4-5-27 所示。

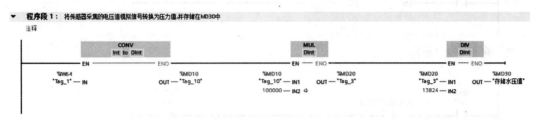

图 4-5-27　FC1 共用程序

假设电压转换成数字信号后存入 IW64 的数值为 N。

$$\frac{N}{23\ 824} = \frac{P}{0.1 \times 10^6} \tag{1}$$

$$P = \frac{N \times 10^5}{13\ 824} \tag{2}$$

在编写梯形图程序时有以下两点需要特别注意：

（1）因为 PLC 执行除法指令时会丢掉余数而只保留商值，这样会影响计算的精度，所
以在编写梯形图程序计算压力值时要注意先乘后除。

（2）W64 中的数据类型为整型（Int），该值乘以 100 000 后其结果会超出 Int 的范围，
所以必须先应用 CONV 指令将数据类型转换为 DInt。

3）FC2 手动模式程序（见图 4-5-28）

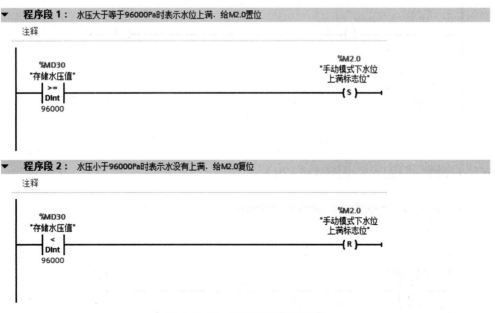

图 4-5-28　FC2 手动模式程序

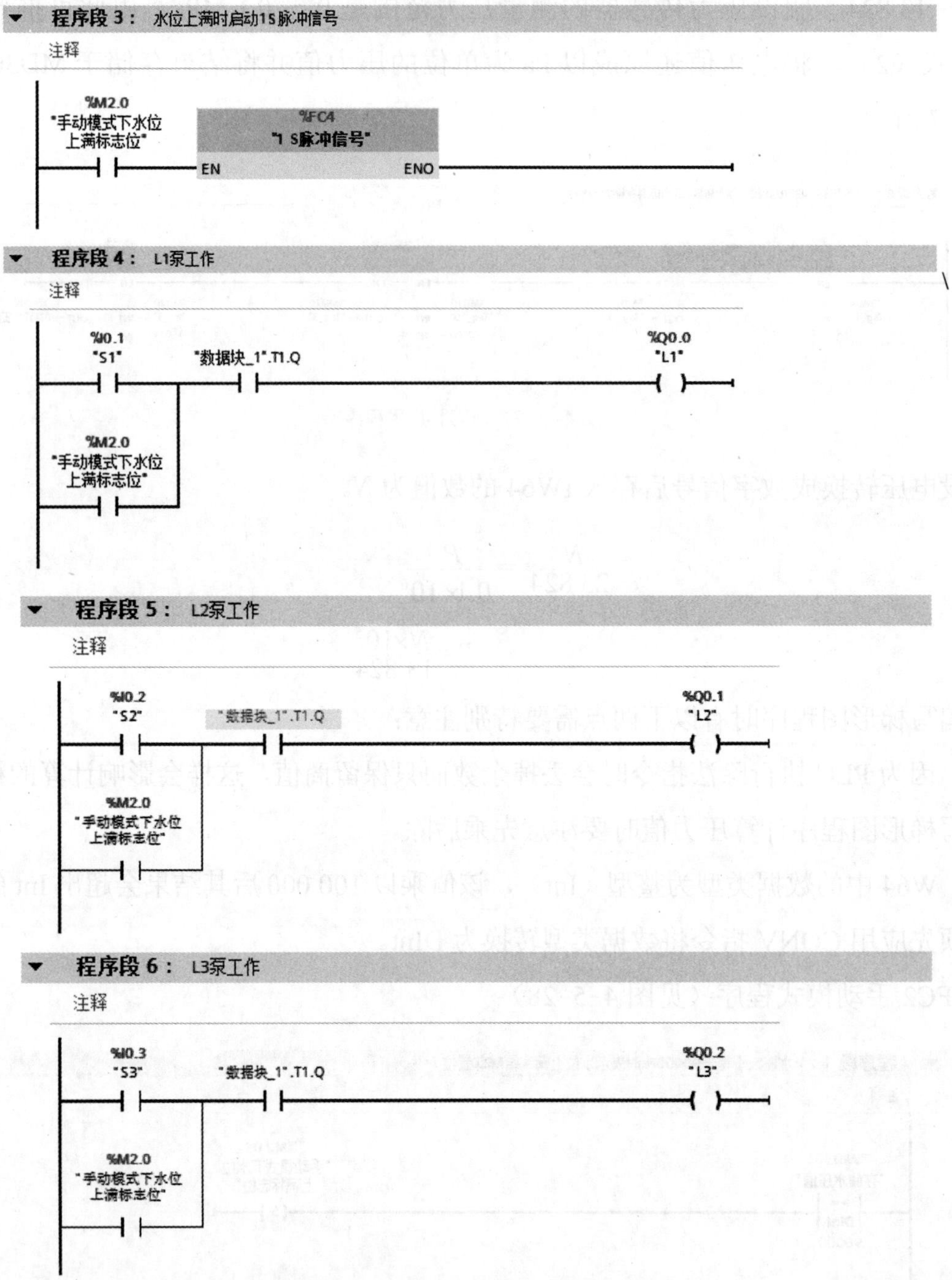

程序段 3： 水位上满时启动1S脉冲信号

注释

```
  %M2.0
"手动模式下水位          %FC4
 上满标志位"          "⌐ S脉冲信号"
    ┤ ├          EN          ENO
```

程序段 4： L1泵工作

注释

```
  %I0.1                                    %Q0.0
  "S1"      "数据块_1".T1.Q                 "L1"
  ┤ ├          ┤ ├                         ( )
  %M2.0
"手动模式下水位
 上满标志位"
  ┤ ├
```

程序段 5： L2泵工作

注释

```
  %I0.2                                    %Q0.1
  "S2"      "数据块_1".T1.Q                 "L2"
  ┤ ├          ┤ ├                         ( )
  %M2.0
"手动模式下水位
 上满标志位"
  ┤ ├
```

程序段 6： L3泵工作

注释

```
  %I0.3                                    %Q0.2
  "S3"      "数据块_1".T1.Q                 "L3"
  ┤ ├          ┤ ├                         ( )
  %M2.0
"手动模式下水位
 上满标志位"
  ┤ ├
```

图 4-5-28 FC2 手动模式程序（续）

4）FC3 自动模式程序（见图 4-5-29）

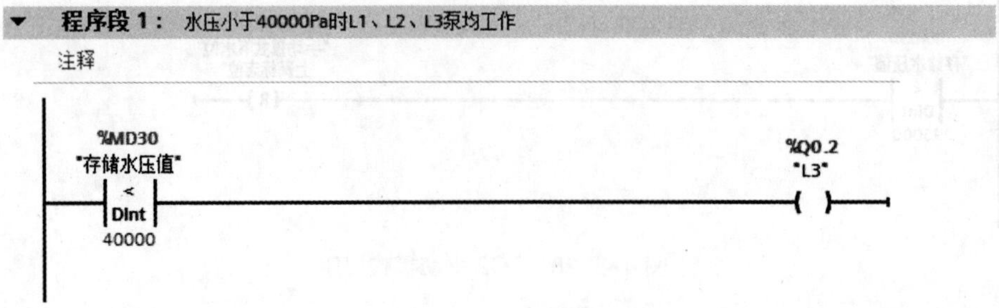

程序段 1： 水压小于40000Pa时L1、L2、L3泵均工作

注释

```
  %MD30
"存储水压值"                               %Q0.2
    <                                      "L3"
  DInt                                     ( )
  40000
```

图 4-5-29 FC3 自动模式程序

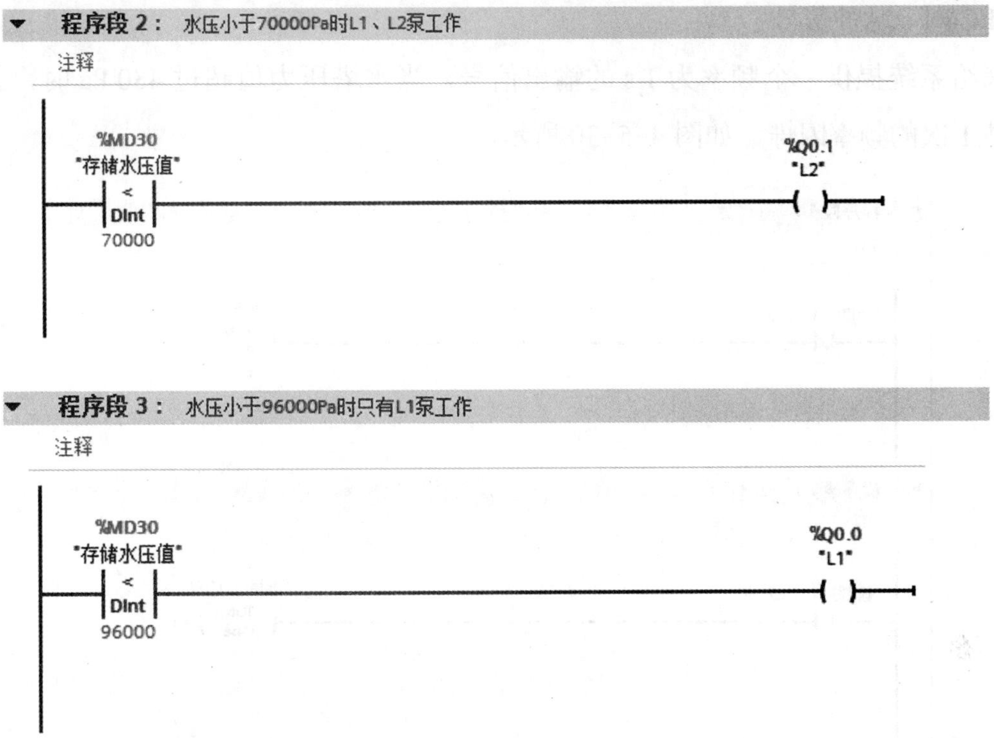

▼　**程序段 2**：　水压小于70000Pa时L1、L2泵工作

　　注释

```
    %MD30                                              %Q0.1
   "存储水压值"                                          "L2"
      <                                                ( )
     DInt
    70000
```

▼　**程序段 3**：　水压小于96000Pa时只有L1泵工作

　　注释

```
    %MD30                                              %Q0.0
   "存储水压值"                                          "L1"
      <                                                ( )
     DInt
    96000
```

图 4-5-29　FC3 自动模式程序（续）

系统自动运行时要求实现以下功能：

（1）电压小于 2 V 时 L1、L2、L3 三台泵同时运行。

（2）电压在 2 ~ 3.5 V 时 L1、L2 两台泵运行。

（3）电压在 3.5 ~ 4.8 V 时仅有 L1 一台泵运行。

（4）电压大于 4.8 V 时表示水塔即将蓄满水，L1、L2、L3 全部停止运行。

因为在 FC1 共用程序函数块中已经将输入电压值转换为以 Pa 为单位的压力值，所以在此函数块中使用比较指令的比较条件也应该是压力值。应用公式求出各电压范围所对应的压力范围，并用比较指令作为条件控制三台泵的启动与停止。转换公式如下：

$$P = \frac{U \times 10^5}{5}$$

根据公式计算得出电压与水压力值的对应关系如表 4-5-4 所示。

表 4-5-4　电压与水压力值的对应关系

输入电压值 /V	对应的压力值 /Pa	L1	L2	L3
$U < 2$ V	$P < 40\,000$ Pa	1	1	1
2 V $< U <$ 3.5 V	40 000 Pa $< P <$ 70 000 Pa	1	1	0
3.5 V $< U <$ 4.8 V	70 000 Pa $< P <$ 96 000 Pa	1	0	0
$U >$ 4.8 V	$P >$ 96 000 Pa	0	0	0

5）FC4 1 s 脉冲信号

用来给系统提供一个频率为 1 s 的输出信号，当水塔压力值超过 480 Pa 时，指示灯开始以每秒 1 次的频率闪烁，如图 4-5-30 所示。

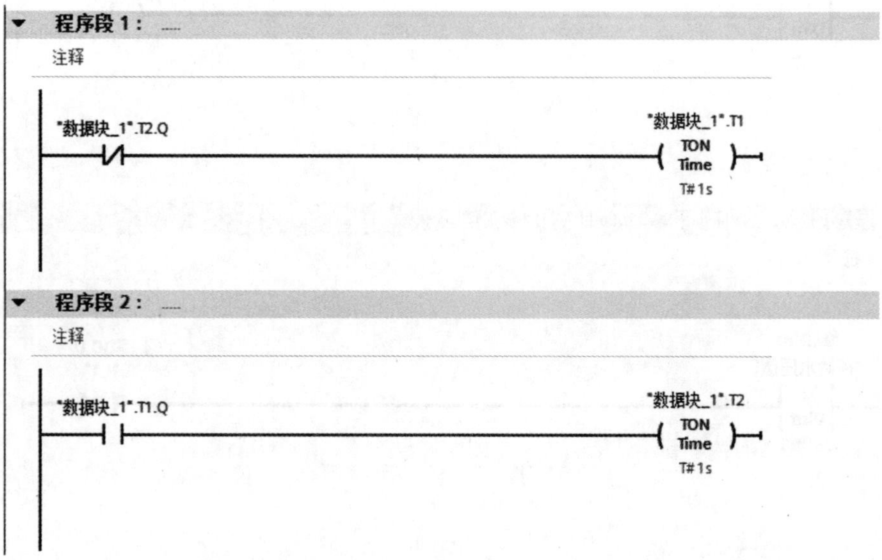

图 4-5-30　FC4 1 s 脉冲信号

6. 任务验收

各组学生在教师监督指导下进行互评，并由组长填写验收记录单。

每课一句小古文：

"上善若水，水善利万物而不争。"

至高的品性就像水一样，水善于滋润万物而不与万物相争。

我国古代的思想家们，很早就学习了水的精神、水的智慧。也从水的多寡形成辩证认知的思想。本次课题不但学习用 PLC 控制恒压供水系统，同学们还要学习水一样淡泊名利，不过于计较个人利益得失的人生态度。

任务 4-6　传送分拣系统控制

知识目标：

1. 学会高速计数器功能及使用方法。

2．掌握传送分拣设备的程序控制。

技能目标：

1．能够根据任务要求制订任务计划，并能合理高效地实施任务。

2．能够借助网络媒体查阅资料，理解新知，独立解决任务中的问题。

情感目标：

1．培养善于独立思考、交流沟通的协作能力。

2．培养学习兴趣，树立积极乐观的学习态度。

3．树立自信心，增强克服困难的意志，养成和谐和健康向上的品格。

情景引入：

传送分拣控制系统是工业自动化生产中常用到的电气设备，它结合了 PLC、变频器、电动机、传感器、传送装置等设备，能够实现物料的传送和分拣。而传送分拣系统在实际应用中还需要精确地控制传送的速度、距离等参数，这就用到了 PLC 的高速计数器功能。

任务资讯

知识点 1：高速计数器指令

1．高速计数器的功能

在测量如电动机的转速等高频率的输入信号时，用普通的计数器指令难以满足要求，因为它们属于软件计数器，其最大计数速率受到它所在的 OB 的执行速率的限制。如果需要速率更高的计数器，可以使用 CPU 内置的高速计数器。

S7-1200 CPU 提供了最多 6 个（1214C）高速计数器，高速计数器独立于 CPU 的扫描周期进行计数。可测量的单相脉冲频率最高为 100 kHz，双相或 A/B 相最高为 30 kHz，除用来计数外还可用来进行频率测量，高速计数器可用于连接增量型旋转编码器，用户通过对硬件组态和调用相关指令块来使用此功能。

2．高速计数器的工作模式

高速计数器定义为 5 种工作模式：

（1）计数器，外部方向控制。

（2）单相计数器，内部方向控制。

（3）双相增 / 减计数器，双脉冲输入。

（4）A/B 相正交脉冲输入。

（5）监控 PTO 输出。

每种高速计数器有两种工作状态：

（1）外部复位，无启动输入。

（2）内部复位，无启动输入。

所有的计数器无须启动条件设置，在硬件向导中设置完成后下载到 CPU 中即可启动高速计数器，在 A/B 相正交模式下可选择 1X（1 倍）和 4X（4 倍）模式，高速计数功能所能支持的输入电压为 24 V DC，目前不支持 5 V DC 的脉冲输入，表 4-6-1 列出了高速计数器的硬件输入定义和工作模式。

表 4-6-1　高速计数器的硬件输入定义和工作模式

描述			输入点定义			功能
HSC	HSC1	使用 CPU 集成 I/O 或信号板或监控 PTO0	I0.0 I4.0 PTO 0	I0.1 I4.1 PTO 0 方向	I0.3	
	HSC2	使用 CPU 集成 I/O 或监控 PTO0	I0.2 PTO1	I0.3 PTO1 方向	I0.1	
	HSC3	使用 CPU 集成 I/O	I0.4	I0.5	I0.7	
	HSC4	使用 CPU 集成 I/O	I0.6	I0.7	I0.5	
	HSC5	使用 CPU 集成 I/O 或信号板	I1.0 I4.0	I1.1 I4.1	I1.2	
	HSC6	使用 CPU 集成 I/O	I1.3	I1.4	I1.5	
模式	单相计数，内部方向控制		时钟	复位		计数或频率
						计数
	单相计数，外部方向控制		时钟	方向复位		计数或频率
						计数
	双相计数，两路时钟输入		增时钟	减时钟复位		计数或频率
						计数
	A/B 相正交计数		A 相	B 相 Z 相		计数或频率
						计数
	监控 PTO 输出		时钟	方向		计数

不同计数器在不同的模式下，同一个物理点会有不同的定义，在使用多个计数器时需要注意不是所有计数器可以同时定义为任意工作模式。

高速计数器的输入使用与普通数字量输入相同的地址，当某个输入点已定义为高速计数器的输入点时，就不能再应用于其他功能，但在某个模式下，没有用到的输入点还可以用于其他功能的输入。

监控 PTO 的模式只有 HSC1 和 HSC2 支持，使用此模式时，不需要外部接线，CPU 在内部已做了硬件连接，可直接检测通过 PTO 功能所发脉冲。

3. 高速计数器指令块

高速计数器指令块，需要使用指定背景数据块用于存储参数。图 4-6-1 所示为高速计数器指令块。

表 4-6-2 所示为高速计数器指令块参数说明。

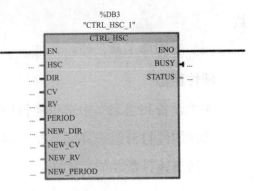

图 4-6-1　高速计数器指令块

表 4-6-2　高速计数器指令块参数说明

端口名称	参数说明
HSC（HW_HSC）	高速计数器硬件识别号
DIR（Bool）	TRUE = 使能新方向
CV（Bool）	TRUE = 使能新初始值
RV（Bool）	TRUE = 使能新参考值
PERIODE（Bool）	TRUE = 使能新频率测量周期
NEW_DIR（Int）	方向选择：1= 正向，0= 反向
NEW_CV（DInt）	新初始值
NEW_RV（DInt）	新参考值
NEW_PERIODE（Int）	新频率测量周期

知识点 2：高速计数器的应用

为了便于理解怎样使用高速计数功能，通过以下例子来学习高速计数器的组态及应用。

小任务：假设在旋转的三相异步电动机轴上装有一个 AB 相旋转编码器作为反馈，接入到 S7-1200 CPU，要求在计数 25 个脉冲时，计数器复位并重新开始计数，周而复始执行此功能。

任务分析：针对任务，选择 CPU 1214C，高速计数器为 HSC1。模式为单相计数，内部方向控制，无外部复位。据此，脉冲输入应接入 I0.0 和 I0.1，使用 HSC1 的预置值中断（CV=RV）功能来实现任务要求。

组态步骤：

（1）先在设备与组态中选择 CPU，单击属性，激活高速计数器，并设置相关参数。此步骤必须先执行，S7-1200 的高速计数器功能必须先在硬件组态中激活，才能进行后面的步骤。

（2）添加硬件中断块，关联相对应的高速计数器所产生的预置值中断。

（3）在中断块中添加高速计数器指令块，编写修改预置值程序，设置复位计数器等参数。

（4）将程序下载，执行功能。

硬件组态：

在"设备和组态"中选中项目中的 CPU，如图 4-6-2 所示。

选择属性打开组态界面，找到高速计数器设置选项，如图 4-6-3 所示。

激活高速计数功能，如图 4-6-4 所示。

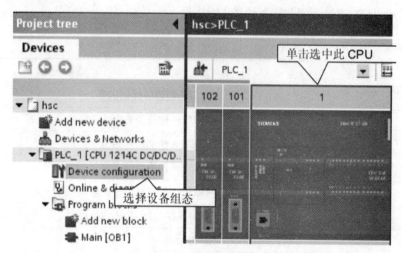

图 4-6-2　选中项目中的 CPU

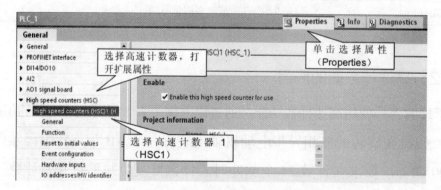

图 4-6-3　高速计数器设置选项

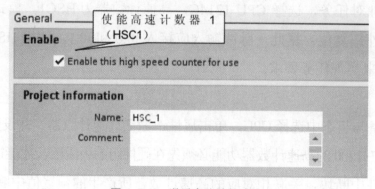

图 4-6-4　激活高速计数功能

计数类型，计数方向组态如图 4-6-5 所示。

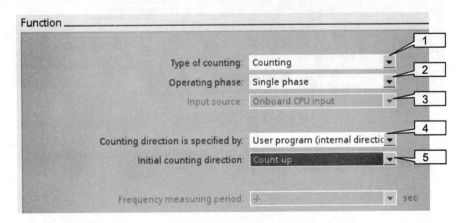

图 4-6-5　计数方向组态

图 4-6-5 中 1～5 注：

1—此处计数类型分为 3 种，Axis of motion（运动轴）、Frequency（频率测量）、Counting（计数），这里选择 Counting（计数）。

2—模式分为 4 种：Single phase（单相）、Two phase（双相）、AB Quadrature 1X（A/B 相正交 1 倍速）、AB Quadrature 4X（A/B 相正交 4 倍速），这里选择 Single phase（单相）。

3—输入源，这里使用的为 CPU 集成输入点。

4—计数方向选择，这里选用 User program（internal direction control）（内部方向控制）。

5—初始计数方向，这里选择 Count up（向上计数）。

初始值及复位组态如图 4-6-6 所示。

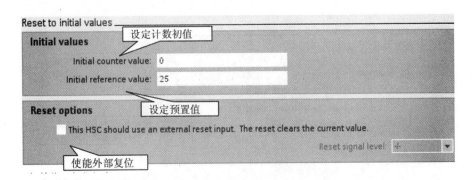

图 4-6-6　初始值及复位组态

预置值中断组态如图 4-6-7 所示。

添加硬件中断如图 4-6-8 所示。

组态添加的硬件中断如图 4-6-9 所示。

地址分配与硬件识别号如图 4-6-10 所示。

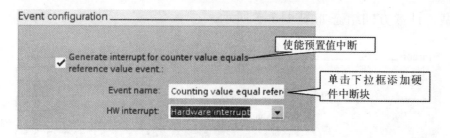

图 4-6-7　预置值中断组态

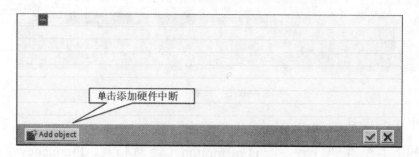

图 4-6-8　添加硬件中断

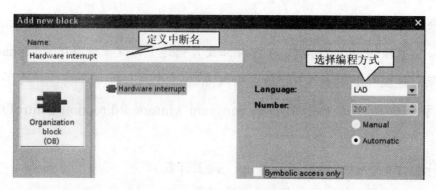

图 4-6-9　组态添加的硬件中断

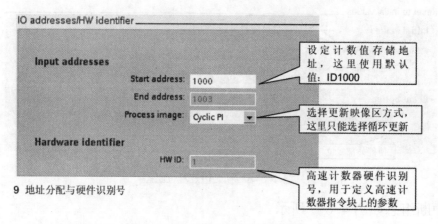

图 4-6-10　地址分配与硬件识别号

至此硬件组态部分已经完成，下面进行程序编写。

（1）将高速计数指令块添加到硬件中断中，如图 4-6-11 所示。

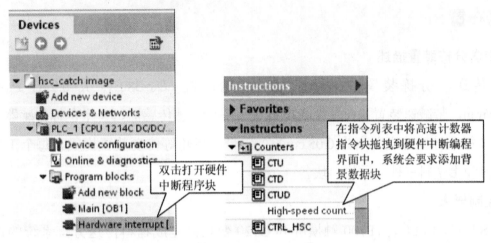

图 4-6-11　将高速计数指令块添加到硬件中断中

（2）设置高速计数器名称，如图 4-6-12 所示。

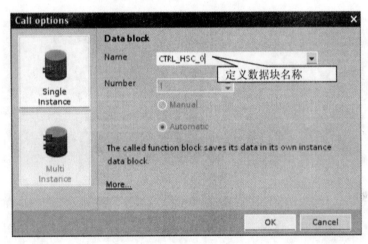

图 4-6-12　设置高速计数器名称

程序视图如图 4-6-13 所示。

图 4-6-13 中 1～3 注：

1—这里就是系统指定的高速计数器硬件识别号，这里填 1。

2—"1"为使能更新初值。

3—"0"表示新初始值为 0。

至此程序编制部分完成，将完成的组态与程序下载到 CPU 后即可执行，当前的计数值可在 ID1000 中读出，关于高速计数器指令块，若不需要修改硬件组态中的参数，可不需要调用，系统仍然可以计数。

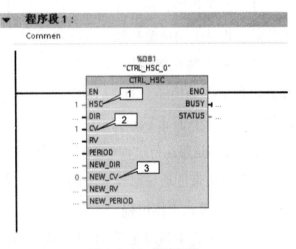

图 4-6-13　程序视图

任务布置

1. 传送分拣装置描述

物料传送、分拣装置由一台三相异步电动机（$U_N=380\ V$，$I_N=0.9\ A$，$P_N=200\ W$，$n_N=1\ 500\ r/min$，带减速装置）、一个光电开关、一个电感传感器、一个色标传感器、一个旋转编码器（每个脉冲传送距离为 0.05 cm）、皮带、齿轮等传动装置构成。每个工位另有金属、白塑料和黑塑料三种材质物料块各一个。

2. 控制要求

使用 S7-1200 PLC、TP700 触摸屏和 G120 变频器完成物料传送分拣系统的控制，实现自动工作模式和手动工作模式的控制要求。

触摸屏参考画面如图 4-6-14 所示。

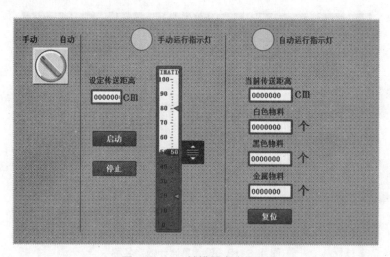

图 4-6-14   触摸屏参考画面

1）手动模式工作过程

（1）首先将触摸屏上手动 / 自动转换开关打到"手动"模式，触摸屏上手动运行指示灯点亮，此时手动功能有效，自动功能失效。

（2）由裁判在触摸屏上的"设定传送距离"I/O 域中输入设定的行走距离（单位为 cm），再单击触摸屏上的"启动"按钮，传送带开始运行，传送至设定距离后自动停止。要求距离误差小于 ±1 cm。

（3）在传送带运行过程中随时按下触摸屏上的"停止"按钮，可以立即停止传送带运行。

（4）传送带能通过触摸屏上的滑块实现 0 ～ 1 500 r/min 的平滑调速。

2）自动模式工作过程

（1）首先将触摸屏上手动 / 自动转换开关打到"自动"模式，触摸屏上自动运行指示灯点亮，此时自动功能有效，手动功能失效。

（2）由裁判随机选取物料放置在传送带的光电开关处，当光电开关检测到有物料时，传送带以恒定速度自动运行，将物料送至传送带末端并停止（要求传送带停止时物料不能掉落），至此完成一个物料的检测流程。只有前一个物料传送、分拣完毕后，才能开始传送下一个物料。

（3）由裁判随即放入多个物料，完成多次自动检测流程。触摸屏上三个物料 I/O 域能够正确显示每种物料的数量。

（4）触摸屏上的当前传送距离 I/O 域能够正确显示当前传送带的行走距离。

（5）按下触摸屏的“复位”按钮，“当前传送距离”I/O 域和物料种类 I/O 域中的数值全部清零。

任务实施

1. I/O 地址分配表

该系统共有个 6 输入和 3 个输出，I/O 地址分配如表 4-6-3 所示。

表 4-6-3 I/O 地址分配表

输入部分				输出部分			
器件名称	符号	作用	输入地址	器件名称	符号	作用	输出地址
旋转开关	SZ	手动 / 自动转换开关	I0.0	指示灯模拟泵	L1	L1 泵指示灯	Q0.0
拨动开关	S1	控制 L1 泵	I0.1	指示灯模拟泵	L2	L2 泵指示灯	Q0.1
拨动开关	S2	控制 L2 泵	I0.2	指示灯模拟泵	L3	L3 泵指示灯	Q0.2
拨动开关	S3	控制 L3 泵	I0.3				
压力传感器	V0	模拟量输入	AI0				
压力传感器	M0	模拟量输入	2M				

按照 I/O 分配表设置 PLC 变量，在 Portal V13 软件中设置 PLC 变量表，如图 4-6-15 所示。

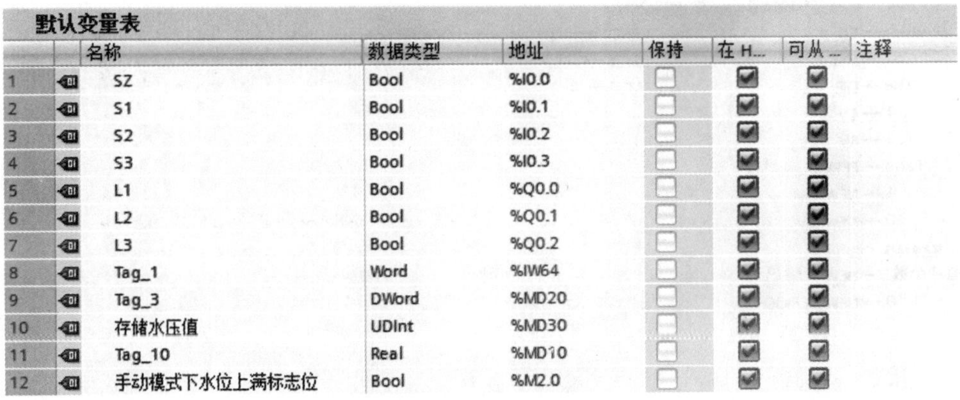
默认变量表

	名称	数据类型	地址	保持	在 H...	可从 ...	注释
1	SZ	Bool	%I0.0	☐	☑	☑	
2	S1	Bool	%I0.1	☐	☑	☑	
3	S2	Bool	%I0.2	☐	☑	☑	
4	S3	Bool	%I0.3	☐	☑	☑	
5	L1	Bool	%Q0.0	☐	☑	☑	
6	L2	Bool	%Q0.1	☐	☑	☑	
7	L3	Bool	%Q0.2	☐	☑	☑	
8	Tag_1	Word	%IW64	☐	☑	☑	
9	Tag_3	DWord	%MD20	☐	☑	☑	
10	存储水压值	UDInt	%MD30	☐	☑	☑	
11	Tag_10	Real	%MD10	☐	☑	☑	
12	手动模式下水位上满标志位	Bool	%M2.0	☐	☑	☑	

图 4-6-15 PLC 变量表

按照任务控制要求和 I/O 地址分配表画出硬件接线图并插接导线。

2. 梯形图程序（见图 4-6-16）

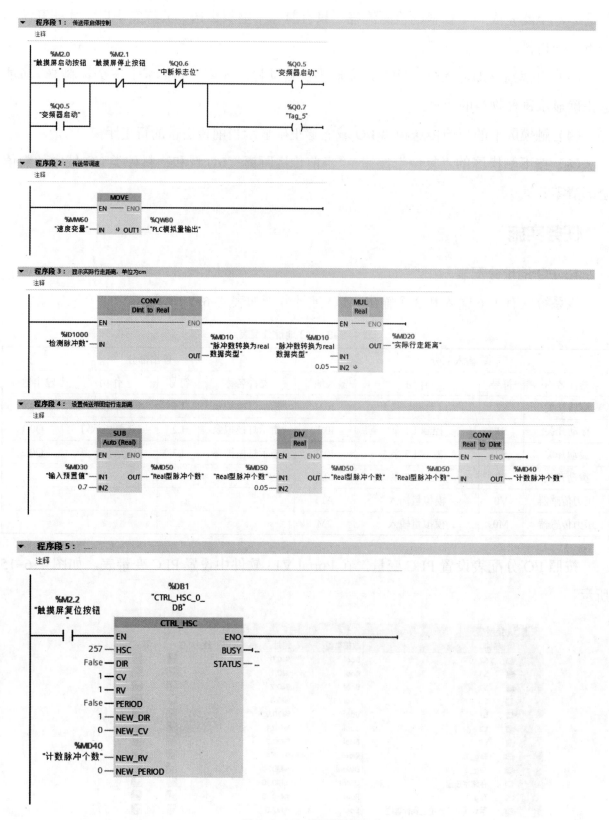

图 4-6-16 梯形图程序

3. 任务验收

各组学生在教师监督指导下进行互评，并由组长填写验收记录单。

每课一句小古文：

"人生天地之间，若白驹之过隙，忽然而已。"

　　人生于天地之间，就像白色骏马跃过一道缝隙一样，很快就结束了。本课题我们学习了 S7-1200 PLC 高速计数器的原理及应用。其实人生也像高速计数器一样，时光飞逝。我们应该珍惜宝贵的青春时光，努力学习技能，不要虚度光阴。

项目五
S7-1200 的通信

任务 5-1　两个 S7-1200 PLC 之间的通信

知识目标：

1. 学会西门子 PLC 网络通信的相关知识。

2. 学会 S7-1200 PLC 的 PUT、GET 通信指令的功能和使用方法。

3. 能根据 PLC 通信控制要求设计电路，并分配 I/O 地址。

能力目标：

1. 能熟练操作西门子 PLC 编程软件，并掌握西门子 PLC 通信指令使用方法。

2. 能按照 PLC 通信控制电路要求连接电路，并编写 PLC 软件程序。

情感目标：

1. 培养善于独立思考、交流沟通的协作能力。

2. 培养学习兴趣，树立积极乐观的学习态度。

3. 树立自信心，增强克服困难的意志，养成和谐和健康向上的品格。

4. 使学生养成"因可势，求易道，故用力寡而功名立"的良好习惯。

情景引入：

在现代化的生产型企业中，企业的制造流程一般是由多个生产制造环节构成的，特别是在许多智能化集成度较高的加工制造行业中，这种现象尤为突出。为此，在企业实际的生产过程中，多个生产制造环节的有序连接是考验一个企业智能化的最直接的手段。

通常，要想实现企业这一手段，目前主要采用的方法是利用工业级的通信网络平台，将企业中各个生产制造环节组成一个可以将各种生产信息实现互联互通的加工制造网络。其中，由于 PLC 设备通常作为企业生产的核心控制设备之一，因此实现对多个 PLC 控制设备之间的通信连接，就可以更好地将企业各个生产制造环节联系得更加紧密。

本节课程通过学习 S7-1200 的通信类指令来完成两个 PLC 控制的工业以太网网络通信。

任务资讯

知识点 1：西门子 PLC 的 PROFINET 接口通信技术

PLC 的通信技术主要是指 PLC 与 PLC 之间、PLC 与上位机之间和 PLC 与其他智能电气设备之间的通信。将 PLC 通过其所支持的通信接口与通信网络进行连接，实现 PLC 控制信息的智能通信，即可实现 PLC 的网络控制技术，构成企业智能生产的网络控制平台。

1. 西门子通信技术

目前，在 PLC 通信技术领域中，各 PLC 设备生产厂家都有自己的通信技术标准和协议内容，往往容易造成不同 PLC 生产厂家之间的设备无法进行数据通信交换工作，使得企业的生产执行效率低下。要想合理地解决这个困难，就需要各 PLC 设备生产厂家利用目前国际通用的通信协议，将数据信息内容进行转换后，再传送至其他设备进行使用。

在 IEEE 协会的作用下，将国际上主要使用的几种通信协议进行汇总，并制定出通信协议标准，简称 IEEE802 标准。在该通信标准内，主要包括 CSMA/CD 通信协议、令牌总线和令牌环三种。

同时，IEC 协会对现场总线进行汇总定义，定义内容是"安装在制造和过程区域的现场装置与控制室内的自动控制装置之间的数字式、串行、多点通信的数据总线称为现场总线"。将多个企业的总线协议进行汇总，最后归纳了 10 多种不同模式的总线协议类型，制定出 IEC61158 国际通用标准。目前，西门子公司支持并采用的现场总线标准包括类型 3（PROFIBUS）和类型 10（PROFINET）两种类型。

西门子公司在通信技术应用领域中，其主要采用的是基于工业以太网网络和现场总线网络两种模式。其中，PROFINET 网络通信技术是基于工业以太网网络实现的一种网络通信模式；PROFIBUS 网络通信技术基于开放式现场总线网络模式。

2. PROFINET 接口通信技术

西门子公司的 PROFINET 接口通信技术是基于工业以太网的现场总线标准，它的类型号为 10，是一种开放的工业以太网标准。PROFINET 接口通信技术使用工业以太网和 TCP/IP 协议技术为通信基础，它可以利用西门子各种电气设备的 PROFINET 接口，直接连接到工业以太网上，实现对各种数据信息的直接控制与读取识别，并将网络中的各种智能电气设备进行有效的无缝连接，最终实现企业对生产线的智能控制。

西门子 PLC 设备利用其支持的 PROFINET 接口通信技术，可以直接连接到工业以太网上面，进行数据高速交互处理，接收上位机或其他智能控制设备发布的指令数据信息，还可控制在网络中的其他智能电气设备，将企业生产单元进行智能化的集成控制处理。

西门子 PLC 设备采用 PROFINET 接口通信技术和工业以太网网络，依靠符合 RJ45 接口标准以太网电缆，能够实现同时与其他西门子 PLC、HMI（触摸屏）和上位机设备进行数据通信服务。其中，本教材主要采用的西门子 PLC 的 CPU 型号是 S7-1200，该 PLC 支持 PROFINET 接口通信技术，并在 CPU 上至少兼容一个通信 PROFINET 接口。

知识点 2：GET 指令和 PUT 指令

西门子 PLC 的通信技术中，主要使用的通信协议和服务内容有 TCP/IP 协议、UDP 协议、S7 通信协议等几种。

TCP/IP 协议又称传输控制协议，该协议主要是指利用西门子 PLC 的 PN 通信接口，通过用户编写的通信程序进行数据通信的控制协议模式。这种通信方式只能由所编写的指令程序内容进行控制，包括通信过程的连接和断开控制过程。该通信指令包括发送方 TSEND_C 发送数据指令和接收方 TRCV_C 接收数据指令。

UDP 协议又称用户数据报协议，该协议主要是指西门子 PLC 之间进行简单的用户数据通信的控制协议模式。该通信指令包括 TCON 指令、TDISCON 指令、TUSEND 指令和 TURCV 指令。

S7 通信协议是西门子公司内部各智能电气设备采用的一种通信控制协议模式。在设备进行通信过程中，要求设备之间进行"通信伙伴"连接，建立设备之间的连接状态，实现该连接设备之间的安全数据通信模式。该通信指令包括 GET 指令和 PUT 指令。本教材主要对 S7 通信协议进行介绍，并对 GET 指令和 PUT 指令进行案例分析。

1. 指令功能

GET 指令和 PUT 指令：该指令可用于本地 PLC1 通过 PROFINET 或 PROFIBUS 等通信协议连接设备与其他指定的伙伴 PLC2 的 CPU 进行组态伙伴连接，并根据西门子 PLC 的 S7 通信协议内容，实现在两个或两个以上 PLC 之间的数据交互式通信处理功能，且能在指定的伙伴 PLC2 的 CPU 内读取（GET 指令）或写入（PUT 指令）数据信息。GET 指令模块和 PUT 指令模块分别如图 5-1-1、图 5-1-2 所示。

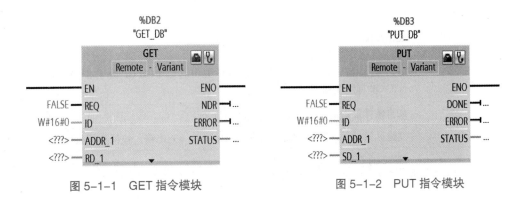

图 5-1-1　GET 指令模块　　　　　图 5-1-2　PUT 指令模块

2. 指令结构

PUT 和 GET 通信指令主要包括输入部分 "EN、REQ、ID、ADDR_1、RD_1、SD_1"，输出部分 "ENO、NDR、DONE、ERROR、STATUS"，以及指令名称等。

（1）EN：输入信号，数据类型为 BOOL。指令接通后，表示指令可准备运行工作。

（2）REQ：输入信号，数据类型为 BOOL。当检测到端口输入信号由低电平变为高电平后，指令开始运行，读取一次数据。

（3）ID：输入信号，数据类型为十六进制数据。PLC 组态的 ID 网络组态地址，可在 PLC 属性中查询到。

（4）ADDR_1：输入信号，数据类型为 Char。伙伴 PLC2 的读取或写入数据存储区域。若采用多数据存储区，可扩展至 ADDR_4，共 4 组。

（5）RD_1/SD_1：输入信号，数据类型为指针型。本地 PLC1 的读取（RD）或写入（SD）数据存储区域。若采用多数据存储区，可扩展至 RD_4 或 SD_4，共 4 组。

（6）ENO：输出信号，数据类型为 Bool。如果指令运行时无错误，有信号从该端口输出。

（7）NDR/DONE：输出信号，数据类型为 Bool。读取（NDR）或写入（DONE）指令运行结束，该端口发出高电平信号；若指令运行未结束，发出低电平信号。

（8）ERROR：输出信号，数据类型为 Bool。判断指令运行是否有运行错误报警信号。若出现报警，该端口发出高电平信号；若未出现报警，发出低电平信号。

（9）STATUS：输出信号，数据类型为十六进制数据。若 ERROR 端口有报警信号，反馈故障报警数据信息；若 ERROR 端口无报警信号，反馈数据内容为运行状态数据信息。STATUS 故障数据信息如表 5-1-1 所示。

表 5-1-1　STATUS 故障数据信息

"ERROR"端状态	"STATUS"端反馈数据	说明
0	11	（1）由于前一个作业还没有结束，因此不能执行新作业。 （2）正在以较低优先级处理此作业
0	25	通信已启动，正在处理作业
1	1	通信故障： （1）未装载连接描述（本地或远程）。 （2）连接被中断（如电缆断线、CPU 关闭或 CM/CB/CP 处于 STOP 模式）。 （3）没有建立到通信伙伴的连接
1	2	来自伙伴设备的否定应答，无法执行任务
1	4	发送区指针（GET 的 RD_x，或 PUT 的 SD_x）出错，包括数据长度或数据类型
1	8	PLC2 的 CPU 上发生访问错误

续表

"ERROR"端状态	"STATUS"端反馈数据	说明
1	10	无法访问本地用户存储器（例如，尝试访问已经删除的数据块）
1	12	调用 SFB 时： （1）指定了不属于 GET 或 PUT 的背景数据块。 （2）未指定背景数据块，而是指定了一个共享数据块。 （3）未发现背景数据块（装载新的背景数据块）
1	20	（1）超出并行作业 / 实例的最大数量。 （2）当 CPU 处于 RUN 模式时，实例过载
1	27	PLC1 的 CPU 中没有相应的 GET 或 PUT 指令

3. 指令应用

本节课程主要学习的是利用 GET 和 PUT 指令，依据西门子 PLC 的 S7 通信协议，完成两台西门子 S7-1214C 型 PLC 之间的数据通信和相关控制要求。

1）指令调用

（1）打开西门子 V13 编程软件，在右侧指令树目录中找到"通信"文件夹，打开后可以看到几种常用的通信类指令，包括"S7 通信""开放式用户通信""WEB 服务器""其他""通信处理器""远程服务"等 6 项通信功能指令文件夹，如图 5-1-3 所示。打开"S7 通信"文件夹后，画面显示 GET 指令和 PUT 指令。

（2）选择通信指令 GET（或 PUT）后，系统会自动生成一个指令"调用选项"确认窗口，如图 5-1-4 所示。

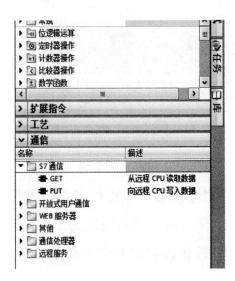

图 5-1-3　GET 指令和 PUT 指令调用位置　　　　图 5-1-4　GET 指令"调用选项"确认窗口

（3）单击"确定"按钮后，系统会在主程序中自动产生一个 GET 指令（或 PUT 指令）。同时，在右侧的"项目树"里自动生成一个 DB 数据块，如图 5-1-5 所示。

2）举例说明

小任务：现有两台西门子 PLC，CPU 的型号为 S7-1214C。设定 PLC1 为主站，另一台 PLC2 为从站，利用通信网络实现 PLC1 对 PLC2 进行数据信息读写的控制要求。PLC1 将一组初始数据信息"0000"传送给 PLC2，PLC2 接收到数据后执行加 10 的功能，并将计算结果反馈到 PLC1。PLC1 对反馈数据进行比较，当反馈数据大于 100 时，Q0.0 输出；当反馈数据大于 200 时，数据信息复位为"0000"。

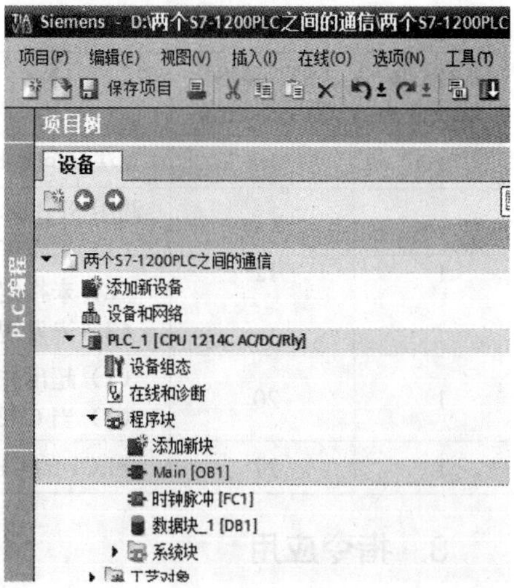

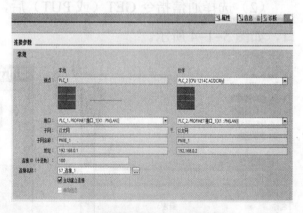

图 5-1-5　GET 指令调用后生成 DB 数据块

任务分析：

（1）将两台 PLC 设备进行组态连接。在新创建的项目中，分别添加两个新的 PLC 设备。需要将 PLC1 和 PLC2 在"网络视图"界面进行组态连接，用鼠标选中 PLC1 的 PN 接口，拖动鼠标至 PLC2 的 PN 接口上，此时，系统会在两个 PLC 之间自动生成一条"PN/IE_1"的通信联络线，如图 5-1-6 所示。

（2）设定通信指令的组态参数。单击通信指令的"开始组态"按钮进入指令的"组态"设定界面，在"连接参数"界面的"端点"栏内选择"伙伴"PLC2，如图 5-1-7 所示。

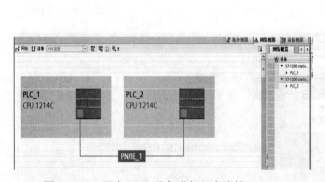

图 5-1-6　两台 PLC 设备进行组态连接

图 5-1-7　设定通信指令的组态参数

此时，系统会自动生成"接口""子网名称""地址""连接 ID""连接名称"等数据信息内容。其中，"连接名称"内的数据信息可以进行修改，系统初始设定为"S7_连接_1"，可单击"..."图标修改设定连接组别。注意，若修改该连接组别数据信息，"连接 ID"地址数据信息会同时改变。

（3）编写 PLC1 程序，如图 5-1-8 所示。

GET 指令和 PUT 指令应用小提示：

① REQ 端是指令启动信号采集端，可在该端加入一组高低电平变换连续型的脉冲

信号。

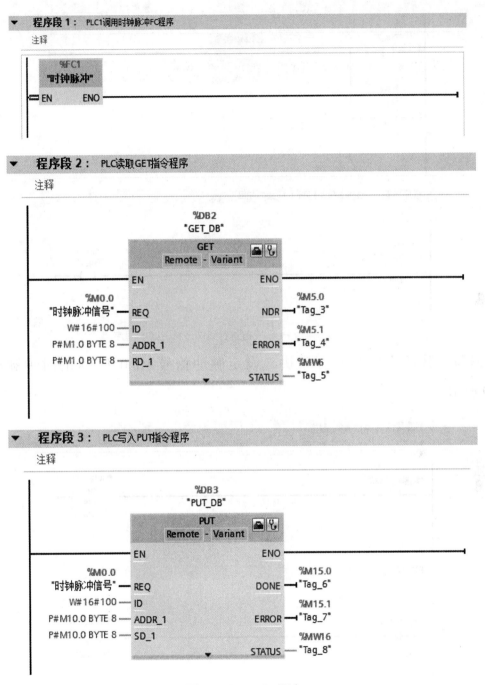

图 5-1-8　PLC1 程序

② ADDR_1 和 RD_1/SD_1 端读取的数据为指针型，格式如 "P# M1.0 BYTE8"，表示该端口指向的数据信息为从 "M1.0" 开始的连续 8 个变量数据信息，即 "M1.0 ～ M1.7" 的数据信息。

③ ID 地址信息是系统自动生成，初始设定的数据内容为 "W# 16# 100"。

两台 PLC 设备进行组态连接 PLC1 程序如图 5-1-9 所示。

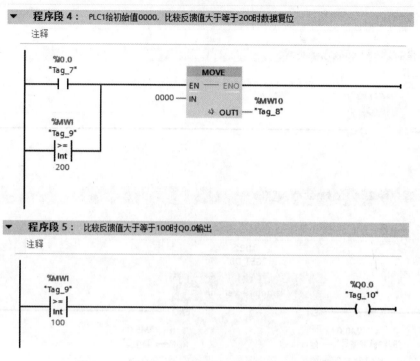

图 5-1-9 两台 PLC 设备进行组态连接 PLC1 程序

（4）编写"脉冲信号"FC 程序块，设定脉冲信号 M0.0 为 1 s 的时钟脉冲量，如图 5-1-10 所示。

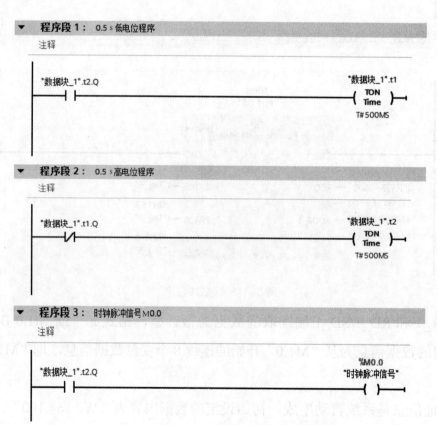

图 5-1-10 两台 PLC 设备进行组态连接 PLC1"脉冲信号"FC 程序

（5）编写 PLC2 程序，如图 5-1-11 所示。

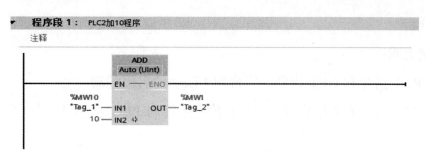

图 5-1-11 两台 PLC 设备进行组态连接 PLC2 程序

4. 注意事项

（1）GET 指令或 PUT 指令只在本地 PLC1 中调取使用即可，而伙伴 PLC2 仅作为服务器设备，可不用在 PLC2 中编写 GET 指令或 PUT 指令程序。

（2）通信指令一次只能执行一个数据的读取（GET）或写入（PUT）功能，只有本次通信内容执行结束后，才可以执行下一组数据的读取或写入。

（3）本地 PLC1 与伙伴 PLC2 的 S7 通信网络"ID"地址必须一致，否则两个 PLC 无法进行数据通信。

（4）GET 指令或 PUT 指令使用需要在 PLC 属性中设定生效，否则 PLC 无法主动进行通信连接。

设定方法：在"设备视图"界面（见图 5-1-12），分别选中 PLC1 或 PLC2。在 PLC1 或 PLC2 的"常规"标题下选中"保护"，在"保护"内容界面的"连接机制"和"允许从远程伙伴（PLC、HMI、OPC、…）使用 PUT/GET 通信访问"的方格"□"内写入对勾"√"。

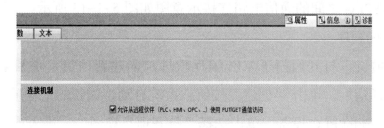

图 5-1-12 "设备视图"界面

任务布置

某智能化生产加工企业需要在总控制室内实时在线监控远程现场设备的运行状态。其中，总控制室内采用本地 PLC1 控制（主站），远程现场设备采用指定 PLC2 控制（从站）。本任务要求将两台 PLC 按照任务内容完成控制线路的设计、安装和调试。

任务实施

1. 任务分析

PLC1 控制要求：

（1）利用 PUT 指令和 GET 指令，实现对 PLC2 的启停控制功能。

（2）对 PLC2 的运行状态监视，PLC2 正常运行时 PLC1 亮绿灯，PLC2 故障时 PLC1 亮红灯。

两个 S7-1200 PLC 之间的通信程序运行

PLC2 控制要求：

（1）向 PLC1 反馈运行状态信息。

（2）接收 PLC1 的控制要求，PLC1 要求 PLC2 启动时亮绿灯，PLC1 要求 PLC2 停止时亮红灯。

2. I/O 地址分配表（见表 5-1-2）

表 5-1-2　I/O 地址分配表

PLC 设备	I/O 端口	端口功能	外部连接设备	功能说明
PLC1	I0.1	启动控制	按钮 SB1	按下 SB1，控制指定 PLC2 启动
	I0.2	停止控制	按钮 SB2	按下 SB2，控制指定 PLC2 停止
	Q0.1	运行指示	绿色指示灯	灯亮时，表示远程设备 PLC2 正常运行
	Q0.2	故障指示	红色指示灯	灯亮时，表示远程设备 PLC2 出现故障
PLC2	I1.1	故障控制	按钮 SB3（带锁）	按下 SB5 时，PLC2 发出故障信号；松开 SB5 时，PLC2 恢复运行信号
	Q1.1	运行指示	绿色指示灯	灯亮时，表示远程设备启动
	Q1.0	停止指示	红色指示灯	灯亮时，表示远程设备停止

3. 硬件接线图

两个 S7-1200 PLC 之间的通信电路连接示意图如图 5-1-13 所示。

4. 编写梯形图程序

（1）建立新项目。打开西门子 V13 编程软件，创建新项目，项目名称为"两个 S7-1200 PLC 之间的通信"，单击"创建"按钮，系统自动生成新的工程项目。

（2）添加两个新的 PLC 设备。单击选择"打开项目视图"，进入项目主界面。在界面左侧的"项目树"内找到"添加新设备"选项，进入"添加新设备"对话框，找到本次任务所用 PLC 的 CPU 型号。两个 PLC 的 CPU 都选择为"1214C（AC/DC/RLY）"，单击"确定"按钮后自动生成新的 PLC。

（3）建立两个 PLC 的通信组态网络。

单击进入"网络视图"界面，用鼠标选中 PLC1 的 PROFINET 接口，拖动鼠标至 PLC2 的 PROFINET 接口上，自动生成名为"PN/IE_1"的通信组态网络。

分别进入 PLC1 和 PLC2 的属性界面，在"保护"内容界面的"连接机制"和"允许从远程伙伴（PLC、HMI、OPC、…）使用 PUT/GET 通信访问"的方格"□"内写入对勾"√"。

（4）编写 PLC1 和 PLC2 程序。

两个 S7-1200 PLC 之间的通信 PLC1 程序如图 5-1-14 所示。

提示："时钟脉冲"FC1 程序参考图 5-1-10 内容。

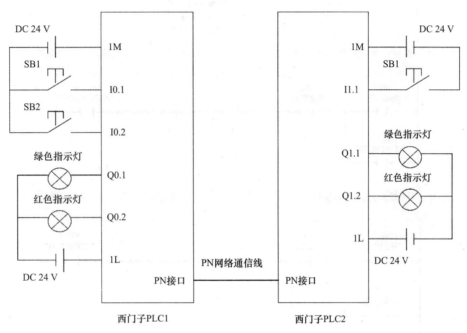

图 5-1-13 两个 S7-1200 PLC 之间的通信电路连接示意图

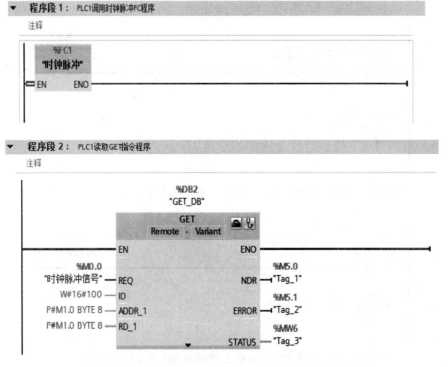

图 5-1-14 两个 S7-1200 PLC 之间的通信 PLC1 程序

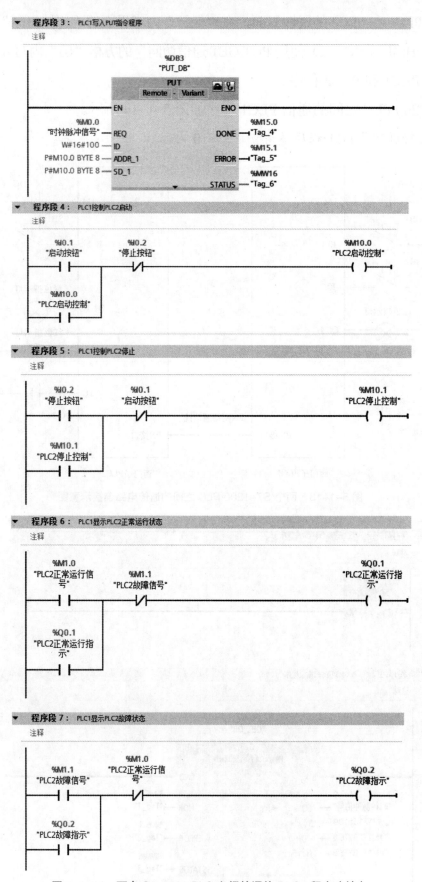

图 5-1-14　两个 S7-1200 PLC 之间的通信 PLC1 程序（续）

PLC2 程序如图 5-1-15 所示。

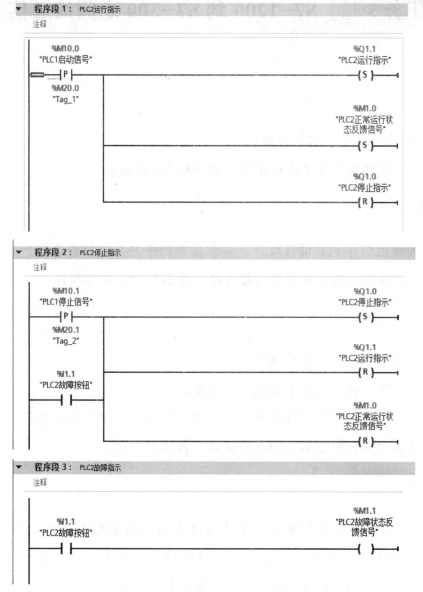

图 5-1-15　两个 S7-1200 PLC 之间的通信 PLC2 程序

5. 任务验收

各组学生在指导教师的监督指导下进行互评，由组长填写验收记录单。

 每课一句小古文：

"因可势，求易道，故用力寡而功名立。"

做事情不能不考虑外在的环境和形式，方式、方法很关键。考虑诸多因素，选好道路，往往能够事半功倍。这就像 PLC 的通信指令功能，在通信之初需要将系统中的设备进行组态，在正确的道路上去选择对的设备。

任务 5-2　S7-1200 到 S7-300 之间的通信

知识目标：

1. 学会 PROFIBUS 通信网络相关知识。
2. 能根据 PLC 通信控制要求设计电路，并分配 I/O 口地址。

能力目标：

1. 能熟练操作西门子 PLC 编程软件，并掌握西门子 PLC 通信指令使用方法。
2. 能按照 PLC 通信控制电路要求连接电路，并编写 PLC 软件程序。

情感目标：

1. 培养善于独立思考、交流沟通的协作能力。
2. 培养学习兴趣，树立积极乐观的学习态度。
3. 树立自信心，增强克服困难的意志，养成和谐和健康向上的品格。
4. 使学生养成"步入招提路，因之访道林"的良好习惯。

情景引入：

在企业生产过程中，各种智能化的生产设备在自动智能控制单元的统一控制和管理下，它们形成相互衔接、相互配合的工业级网络现场工作模式。在一般的企业中，多种通信网络模式共存，其中，利用 PROFIBUS 通信设备进行网络通信的生产模式也较为普遍。

PROFIBUS 通信网络模式到底是怎样的一种结构？PROFIBUS 通信网络技术具有哪些优点和优势？如何正确地使用 PROFIBUS 通信网络进行数据传输？在本节课程中，我们会进行展开学习。

任务资讯

知识点：西门子 PLC 的 PROFIBUS 接口通信技术

1. PROFIBUS 通信技术

西门子 PLC 的 PROFIBUS 接口通信技术是依托于西门子 PLC 的通信接口实现在不同

智能电子设备之间进行数据和信息交互通信的专用通道，通常来说用在工厂自动化的应用中，可以由中央控制器控制许多传感器及执行器，也可以利用标准或选用的诊断机能得知各模块的状态。

2. 西门子 PROFIBUS 通信模块

S7-300 PLC 配套的 PROFIBUS 通信模块为 CP342-5（见图 5-2-1），S7-1200 PLC 配套的 PROFIBUS 通信模块为 CM1242-5（见图 5-2-2）。

图 5-2-1　S7-300 PLC 通信模块　　　　图 5-2-2　S7-1200 PLC 通信模块

3. PROFIBUS 接口通信技术应用

小任务：现有两台西门子 PLC，PLC1 的 CPU 型号为 S7-314C-2PN/DP，PLC2 的 CPU 型号为 S7-1214C。设定 PLC1 为主站，另一台 PLC2 为从站，利用 PROFIBUS 通信网络实现 PLC1 对 PLC2 输入 / 输出端的控制功能。

任务分析：

（1）添加两个新的 PLC 设备。在新创建的项目中，分别添加两个新的 PLC 设备。同时，给 PLC2 添加一个 PROFIBUS 通信模块 CM1242-5 从站模块，如图 5-2-3 所示。

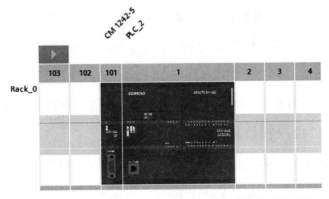

图 5-2-3　给 S7-1200 PLC 添加 PROFIBUS 通信模块

（2）将两台 PLC 设备进行组态连接。将 PLC1 和 PLC2 在"网络视图"界面进行组态连接，用鼠标选中 PLC1 的 DP 接口，拖动鼠标至 PLC2 的 CM1242-5 模块 DP 接口上，此时，系统会在两个 PLC 之间自动生成一条"PLC_1.DP-Mastersystem（1）"的通信联络线，如图 5-2-4 所示。

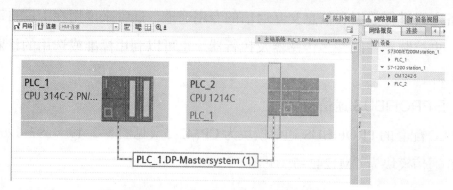

图 5-2-4 两台 PLC 设备进行组态连接

（3）设定通信指令的相关参数。选择 PLC2 的 CM1242-5 模块，在模块"属性常规"项目中，在"操作模式"栏下面设定"智能从站通信"的传输区域，如图 5-2-5 所示。

传输区_1 设置主站地址为 Q0...3，从站地址为 I2...5，长度 4 字节。

传输区_2 设置主站地址为 I0...3，从站地址为 Q2...5，长度 4 字节。

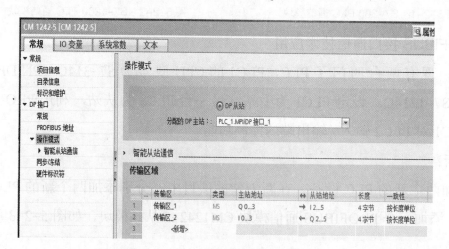

图 5-2-5 设定通信指令的相关参数

（4）编写 PLC1 程序，如图 5-2-6 所示。PLC2 为从站模式，可以不编写程序。

4. 注意事项

（1）若想将 S7-1200 PLC 设置为主站，给 PLC 添加 CM1243-5 模块即可。通信模块的参数设置方法与 CM1242-2 模块相同。

（2）S7-300 PLC 的 CPU 模块自带一个 PROFIBUS 通信接口，可直接使用。

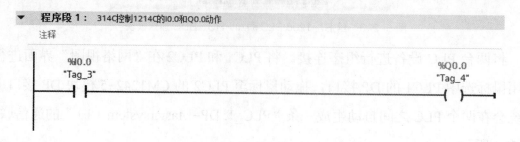

图 5-2-6 PLC1 程序

任务布置

某智能化生产加工企业需要在总控制室内利用 PROFIBUS 通信网络，对远程 PLC2 进行数据传输控制，接收并处理 PLC2 反馈的数据信息。本任务要求将两台 PLC 按照任务内容完成控制线路的设计、安装和调试。

任务实施

1. 任务分析

PLC1 控制要求：

（1）向 PLC2 传输一组数据信息。

（2）比较 PLC2 所反馈的数据信息内容，并根据比较结果进行输出控制。

PLC2 控制要求：

（1）接收 PLC1 发送的数据信息。

（2）对数据信息进行计算处理等功能。

（3）将处理好的数据信息反馈给 PLC1。

2. I/O 地址分配表（见表 5-2-1）

表 5-2-1　I/O 地址分配表

PLC 设备	I/O 端口	端口功能	外部连接设备	功能说明
PLC1	I136. 0	启动控制	按钮 SB2	按下 SB2，给 QW0 设置数据"0001"
	Q136. 0	输出信号	绿色指示灯	灯亮时，表示 IW0 数据大于 100
	IW0	通信地址	无	传输区 2 地址
	QW0	通信地址	无	传输区 1 地址
	I0.0	复位按钮	按钮 SB1	按下 SB2，使 IW0 和 QW0 数据为 0
PLC2	IW2	通信地址	无	传输区 1 地址
	QW2	通信地址	无	传输区 2 地址
	I0.0	复位按钮	按钮 SB1	按下 SB2，使 IW0 和 QW0 数据为 0

3. 硬件接线图

S7-1200 到 S7-300 之间的通信电路连接示意图如图 5-2-7 所示。

4. 编写梯形图程序

（1）建立新项目。打开西门子 V13 编程软件，创建新项目，项目名称为"S7-1200 到 S7-300 之间的通信"，单击"创建"按钮，系统自动生成新的工程项目。

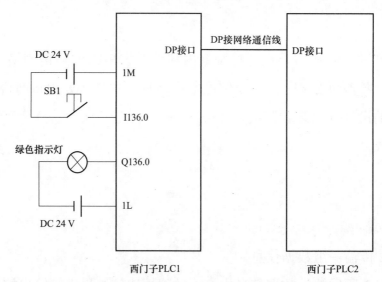

图 5-2-7 S7-1200 到 S7-300 之间的通信电路连接示意图

（2）添加两个新的 PLC 设备。单击选择"打开项目视图"，进入项目主界面。在界面左侧的"项目树"内找到"添加新设备"选项，进入"添加新设备"对话框，找到本次任务所用 PLC 的 CPU 型号。

两个 PLC 的 CPU 选择 PLC1 为 S7-314C-2PN/DP，PLC2 为 S7-1214C，单击"确定"按钮后自动生成新的 PLC。同时，给 PLC2 添加一个 PROFIBUS 通信模块 CM1242-5（从站模块）。

（3）将两台 PLC 设备进行组态连接。

将 PLC1 和 PLC2 在"网络视图"界面进行组态连接，用鼠标选中 PLC1 的 DP 接口，拖动鼠标至 PLC2 的 CM1242-5 模块 DP 接口上，此时，系统会在两个 PLC 之间自动生成一条"PLC_1. DP-Mastersystem（1）"的通信联络线。

设定通信指令的相关参数。选择 PLC2 的 CM1242-5 模块，在模块"属性常规"项目中，在"操作模式"栏下面设定"智能从站通信"的传输区域。

传输区 _1 设置主站地址为 Q0...3，从站地址为 I2...5，长度 4 字节。

传输区 _2 设置主站地址为 I0...3，从站地址为 Q2...5，长度 4 字节。

（4）编写 PLC1 程序。添加 PLC1 初始化程序块，如图 5-2-8 所示。PLC1

图 5-2-8 添加 PLC1 初始化程序块

程序如图 5-2-9 所示。

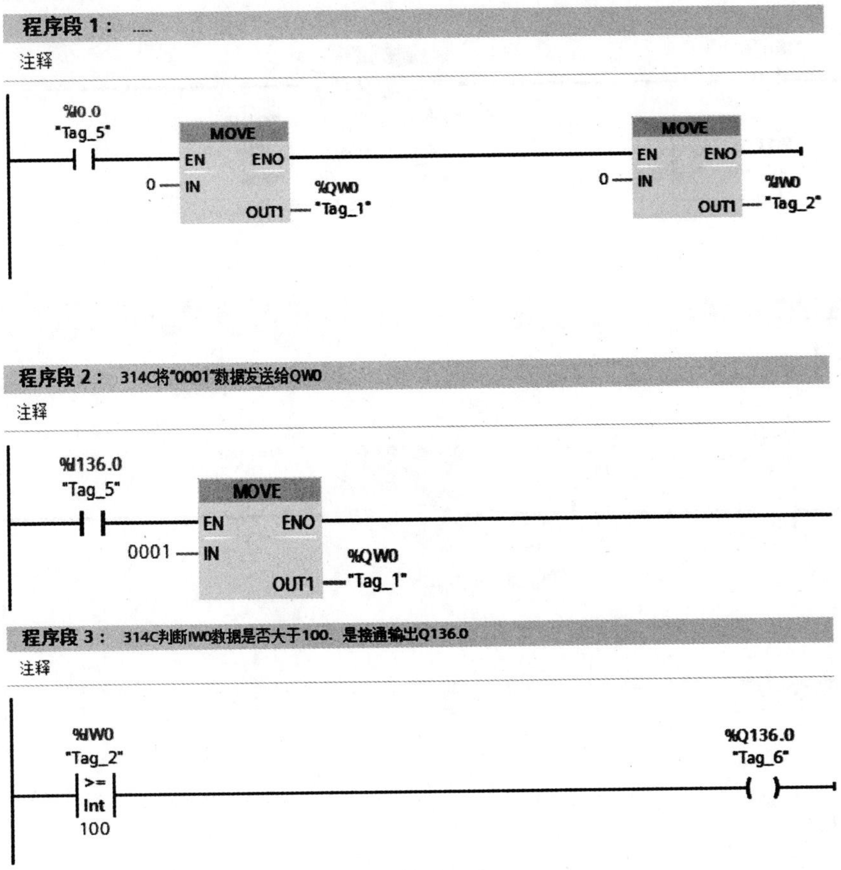

程序段 1: ____

注释

程序段 2: 314C将"0001"数据发送给QW0

注释

程序段 3: 314C判断IW0数据是否大于100. 是接通输出Q136.0

注释

图 5-2-9　PLC1 程序

（5）编写 PLC2 程序。添加 PLC2 初始化程序块，如图 5-2-10 所示。PLC2 程序如图 5-2-11 所示。

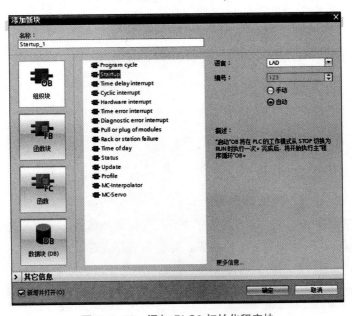

图 5-2-10　添加 PLC2 初始化程序块

程序段 1:......
注释

```
      %I0.0
     "Tag_6"                        MOVE
      ┤ ├                      EN ─── ENO
                            0 ─ IN
      %M1.0                                      %QW2
    "FirstScan"                       OUT1 ─── "Tag_4"
      ┤ ├                                        %IW2
                              ✳ OUT2 ─── "Tag_5"
```

程序段 2:......
注释

```
      %IW2              %M0.0              INC
     "Tag_5"          "Clock_10Hz"         Int
       >=
       Int              ┤ ├            EN ─── ENO
        1                             %IW2
                              "Tag_5" ─ IN/OUT
```

程序段 3:......
注释

```
      %IW2
     "Tag_5"                        MOVE
       >=                      EN ─── ENO
       Int
       100                          %IW2            %QW2
                           "Tag_5" ─ IN  ✳ OUT1 ─── "Tag_4"
```

图 5-2-11　PLC2 程序

5. 任务验收

各组学生在指导教师的监督指导下进行互评，由组长填写验收记录单。

每课一句小古文:

"步入招提路，因之访道林。"

我走入佛寺前的道路，顺着路来拜访佛寺。

前进的道路有很多条，但是我只想进入唯一正确的那条路线。只有确定前进的目标，步入正确的道路，才能真正达到你想要去的地方。这就像 PLC 的通信指令功能，在通信之初需要建立好前进的方向和目标，只有在正确的道路上去选择对的设备，才能达到自己最终的目的。

任务 5-3　HMI 到 PLC 之间的通信

知识目标：

1. 学会 HMI 设备的相关知识。

2. 能根据网络通信控制要求设计电路，并分配 I/O 口地址。

能力目标：

1. 能熟练操作 HMI 编程软件及其使用方法。

2. 能按照网络通信控制电路要求连接电路，并编写软件程序。

情感目标：

1. 培养善于独立思考、交流沟通的协作能力。

2. 培养学习兴趣，树立积极乐观的学习态度。

3. 树立自信心，增强克服困难的意志，养成和谐和健康向上的品格。

4. 使学生养成"兵无将而不动"的良好习惯。

情景引入：

在智能化制造程度较高的企业中，许多企业的制造生产线的控制平台多采用远程控制模式。相比传统制造业，远程控制的优势较为明显，尤其是集成了工业级通信网络的远程控制模式更是现代企业的发展和改进方向。

通常，远程控制单元主要采用 PC（计算机）控制模式和 HMI（智能人机界面）控制模式两种。这两种控制方式各有优势，许多生产企业都逐渐开始使用。特别是随着 HMI 设备的价格优势明显下降，HMI 控制模式发展和普及速度更加迅速。

到底 HMI 设备是怎样一种设备？ HMI 的通信网络模式是怎样的一种结构？ HMI 通信网络技术具有哪些优点和优势？如何正确使用 HMI 通信网络进行远程控制？在本节课程中，我们会进行展开学习。

任务资讯

知识点：HMI 人机界面设备功能及其使用

1. HMI 设备

1）基本功能

HMI（Human Machine Interface）设备又称为人机交互式界面设备，简称触摸屏，它主要用于控制各种单元模块设备进行工作，一般处于生产控制环节的上位机阶段。

HMI 设备集成了显示器、数据信息采集与处理、网络通信、文字处理、动画显示等多种功能，采用触摸式屏幕支持人体的触控简易操作模式。同时，可以通过多种网络通信模式远程向被控设备接收和发布控制命令，可以显示和接收各种被控单元反馈的控制信号数据，可以接收并显示各类传感器信号采集单元设备的采集数据信息。一般来说，HMI 的被控设备主要包括 PLC、变频器等具有通信功能的智能设备。

2）结构

HMI 设备主要包括触摸屏、外壳、通信接口、处理器和电源等环节。其中，触摸屏是 HMI 设备的核心部件之一，它是人机交互的主要操作模块，现在常用的 HMI 触摸屏为 TFT 液晶显示器。

3）特点

HMI 设备由于采用了可触控的画面形式，以及方便快捷的编程设计模式，多样化的通信协议模式，极大地方便了使用者的操作控制。

2. 西门子 HMI 设备

西门子 HMI 设备主要包括 SIMATIC 精简系列面板、精彩系列面板、精智面板、多功能面板、移动式面板等多种不同系列。其中，精智面板系列具有较高的性能，且支持多种通信协议和多种接口模式。

在本节课程中选用的面板为西门子 TP700 精智面板设备。TP700 精智面板设备具有 1 个 MPI/PROFIBUS DP 接口、2 个 PROFINET 接口、3 个 USB 接口等多种接口模式，可以方便地与 PC 设备、PLC、变频器设备组成通信网络，进行编程、监控和控制功能。

同时，西门子 V13 编程软件将 HMI、PLC、PC 和变频器等设备集成在一个软件系统平台内，极大地方便了设备设计者和使用者对各种控制设备进行组态控制。

3. 西门子 HMI 设备应用

（1）添加新的设备。在新创建的项目中，添加新的设备为 HMI，设备的型号为 TP700 精智面板，如图 5-3-1 所示。

　　在添加 HMI 设备时还需要设定"设备向导"内容，包括 PLC 连接（见图 5-3-2）、画面布局、报警、画面、系统画面、按钮等功能界面。

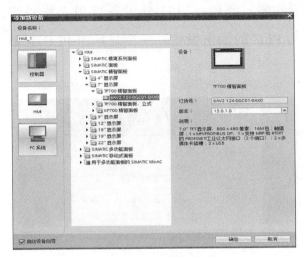

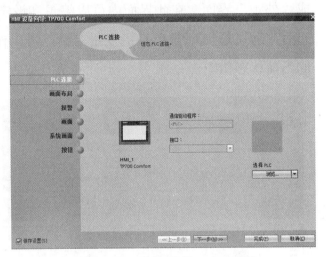

图 5-3-1　添加 HMI　　　　　　　　　　图 5-3-2　HMI 设置——PLC 连接

　　设定内容修改完成后可以单击"完成"按钮，系统自动生成一个 HMI 设备的根画面，如图 5-3-3 所示。

　　（2）添加 HMI 新画面。选择 HMI 设备的左侧设备项目树，在画面文件目录下，单击"添加新画面"项目后可以添加 1 个新画面，如图 5-3-4 所示。

　　（3）设置 HMI 画面内容。在画面内可以选择画面右侧的"工具箱"设备，查找并调用工具箱内的各种图形符号，可以在当前画面内进行添加、编辑和设置各种图形符号的功能，如图 5-3-5 所示。

图 5-3-3　HMI 根画面　　　　　　　　图 5-3-4　添加新画面　　　图 5-3-5　工具箱

　　①添加文本内容。单击工具箱内的基本对象文件中的"A"图标，可以在画面中添加文本框。通过文本框的属性界面，可以编辑和设定文本框的文本内容、字体样式、闪烁动画模式等多种功能，如图 5-3-6 所示。

②添加图形，如图 5-3-7 所示。单击工具箱内的基本对象文件中的"〇"图标，可以在画面中添加圆形。通过圆的动画界面，在显示栏内，单击"添加新动画"内容，自动生成"外观"界面。在此界面内可以编辑和设定圆的显示颜色。当 HMI 设备与 PLC 设备组态后，通过添加对应 PLC 的变量名称，可以作为 PLC 的输出设备，反馈显示出 PLC 变量的当前状态功能。

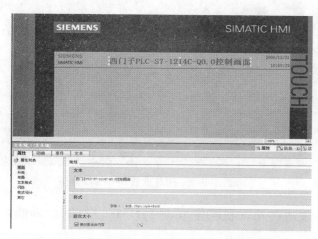

图 5-3-6　HMI 设置——添加文本内容

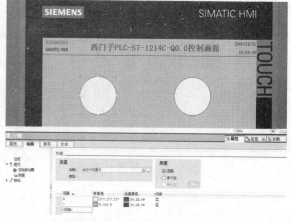

图 5-3-7　HMI 设置——添加图形

③添加控制按钮，如图 5-3-8 所示。单击工具箱内的元素文件中的"□"按钮图标，可以在画面中添加按钮。通过按钮的属性界面，可以编辑和设定按钮的文本内容、字体样式等多种功能。

同时，通过按钮的"事件"界面，可以设置按钮的动作功能，如图 5-3-9 所示。与 PLC 组态后，通过设置按钮的事件动作状态，添加对应 PLC 的变量名称，可以作为 PLC 的输入设备，向 PLC 发出控制指令，并完成 PLC 的程序控制内容。

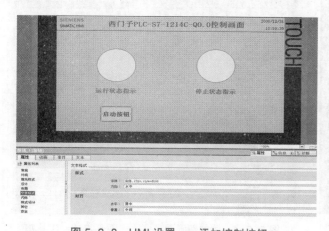

图 5-3-8　HMI 设置——添加控制按钮

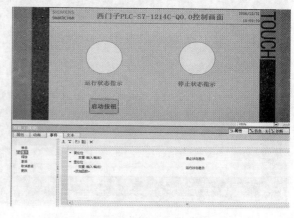

图 5-3-9　HMI 设置——按钮的动作功能

（4）编译下载 HMI 的画面程序。HMI 设备的编译和下载流程内容与 PLC 的相关控制过程相同。

单击西门子 V13 编程软件上面标题栏中的"编辑"图标后，可以完成编辑工作。若编辑的画面内容没有错误，软件系统会显示编译结果内容，此时可以准备向 HMI 设备下载画面内容。

单击西门子 V13 编程软件上面标题栏中的"下载到设备"图标后，可以完成下载工作。此时，软件显示设备搜索界面，当搜索到所需要的 HMI 设备后，单击"下载"按钮即可完成画面下载工作。

4. 注意事项

（1）必须正确选择西门子 HMI 设备的型号，否则画面无法正常下载到 HMI 设备中。

（2）添加新画面时，可以利用画面模板进行画面制作，也可以在自制的图片内进行画面制作。同时，对于不使用的画面可以直接删除，系统初始生成的"根画面"界面也可以删除。

（3）设置 HMI 对 PLC 等设备的控制功能时，一定要先对设备进行通信组态。同时，需要使用 PLC 的控制变量时，必须先在 PLC 系统内设置该变量信息，编译后 HMI 才可以找到并添加使用。

任务布置

某智能化生产加工企业需要在总控制室内实时在线监控远程现场设备的运行状态。其中，总控制室内采用 HMI 设备控制（主站），远程现场设备采用 PLC 设备控制（从站）。本任务要求将两台 PLC 按照任务内容完成控制线路的设计、安装和调试。

任务实施

1. 任务分析

HMI 到 PLC 之间的
通信程序运行

HMI 设备控制要求：

（1）向 PLC 发出控制命令，实现对 PLC 的启动和停止控制。

（2）显示 PLC 的工作运行状态，停止状态采用红色指示灯表示，运行状态采用绿色指示灯表示。

PLC 设备控制要求：

（1）接收并执行 HMI 发送的控制命令信息。

（2）完成对 PLC 输出继电器的启动和停止控制。

（3）将系统的运行状态信息反馈给 HMI。

2. I/O 地址分配表（见表 5-3-1）

表 5-3-1　I/O 地址分配表

I/O 端口	端口功能	外部连接设备	功能说明
I0.0	启动按钮	SB0	启动输出继电器 Q0.0
I0.1	停止按钮	SB1	停止输出继电器 Q0.0
Q0.0	输出继电器	HMI 指示灯	向 HMI 反馈运行状态

3. 硬件接线图（见图 5-3-10）

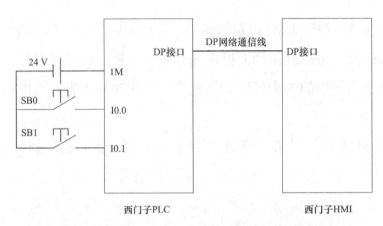

图 5-3-10　HMI 到 PLC 之间的通信电路连接示意图

4. 编写梯形图程序

（1）建立新项目。打开西门子 V13 编程软件，创建新项目，项目名称为"HMI 到 PLC 之间的通信"，单击"创建"按钮，系统自动生成新的工程项目。

（2）添加两个新的设备。单击选择"打开项目视图"选项，进入项目主界面。在界面左侧的"项目树"内找到"添加新设备"项目，进入"添加新设备"对话框，找到本次任务所用 PLC 的 CPU 型号为 S7-1214C，单击"确定"按钮后自动生成新的 PLC。同时，给系统添加一个 HMI 设备，HMI 设备的型号为 TP700 精智面板。

（3）对设备进行组态连接。将 HMI 和 PLC 设备在"网络视图"界面进行组态连接，用鼠标选中 PLC 的 DP 接口，拖动鼠标至 HMI 的 DP 接口上，此时，系统会在两个设备之间自动生成一条"PN/IE_1"的通信联络线。

（4）在 PLC 主程序模块中编写程序，如图 5-3-11 所示。

（5）在 HMI 中编写根画面内容，设置按钮的动作状态，以及状态指示灯的动画状态，如图 5-3-12 所示。

5. 任务验收

各组学生在指导教师的监督指导下进行互评，按照要求，由组长填写本次任务实施评价验收记录单。

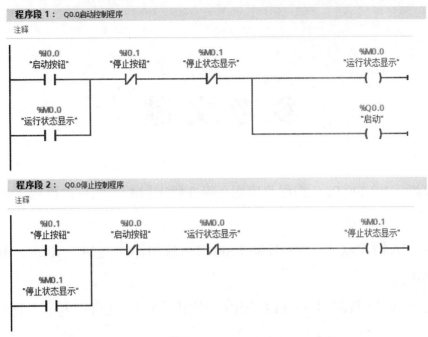

图 5-3-11　HMI 到 PLC 之间的通信电路 PLC 程序

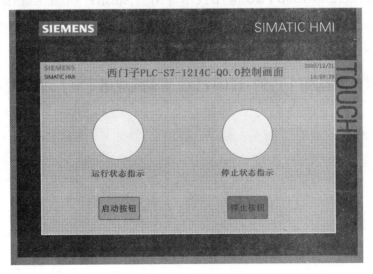

图 5-3-12　HMI 到 PLC 之间的通信电路 HMI 根画面

 每课一句小古文：

"兵无将而不动。"

如果没有将领，兵士不能私自行动。

在一个团体中，如果缺少了将领发布命令，则整个团体将不能擅自行动。这就像触摸屏控制器，在 PLC 的通信控制系统中，采用触摸屏这一智能电气设备，实现对整个控制系统的各种命令信号发布，以及对系统运行状态的监视。

参 考 文 献

[1] 廖常初 .S7-1200 PLC 编程及应用（第 3 版）[M] .北京：机械工业出版社，
 2017.

[2] 张硕 .TIA 博途软件与 S7-1200/1500 PLC 应用详解 [M] .北京：电子工业出版
 社，2017.

[3] 芮庆忠 .西门子 S7-1200 PLC 编程及应用 [M] .北京：电子工业出版社，
 2020.

[4] 廖常初 .S7-1200/1500 PLC 应用技术 [M] .北京：机械工业出版社，2018.

[5] 李方园 .西门子 S7-1200 PLC 从入门到精通 [M] .北京：电子工业出版社，
 2020.

[6] 文杰 .深入理解西门子 S7-1200 PLC 及实战应用 [M] .北京：中国电力出版社，
 2020.